大展好書　好書大展

品嘗好書　冠群可期

大展好書　好書大展
品嘗好書　冠群可期

體育教材：19

射擊運動員身體運動功能訓練

王駿昇　尹軍　齊光濤　著

大展出版社有限公司

射擊金牌的背後——

《射擊運動員身體運動功能訓練》序

1984 年 7 月 29 日，第 23 屆洛杉磯奧運會，許海峰，中國射擊運動員，以 566 環的成績獲自選手槍慢射金牌，為中國贏得了第一枚奧運金牌。由此，中國射擊運動員多次在奧運會和重大國際比賽中獲得冠軍，射擊項目在中國奧運代表團中占居舉足輕重的地位，成為中國奧運會的重點奪金項目。

射擊項目的成功引來了中國體育科技工作者的關注，不少人深入運動隊，研究中國射擊項目運動成績發展過程、影響因素及相關規律，從心理、技戰術、體能、營養、恢復、環境適應、器材裝備等各個方面進行全方位科研攻關和科技服務，助力射擊項目的備戰和參賽。

在眾多的科研攻關和科技服務中，有這樣一支隊伍，他們仔細觀察發現，射擊運動員的競技壽命相對較長，但慢性、勞損性傷病在射擊隊伍中常見，限制了運動員高強度訓練及比賽的正常發揮，而很多射擊教練員以跑步和啞鈴力量訓練為主的體能訓練方法難以解決這個問題。

於是，他們在從 2011 年到 2016 年的跟隊實踐中，引入身體運動功能訓練，首先透過功能動作篩查 FMS、選擇性功能動作篩查 SFMA、Y-BALANCE 測試等動作篩查系統及

專項素質能力測試，系統分析不同專項射擊運動員的形態特徵、關節和肌肉的動作模式特徵以及傷病特徵；然後在篩查的基礎上，結合傳統體能訓練，融入功能性力量訓練、恢復再生訓練、康復矯正訓練等先進的訓練理念、方法和手段。他們的嘗試，得到了運動隊的肯定和歡迎，保障了中國射擊隊從倫敦奧運到里約奧運的一路前行。

今天，呈現在讀者面前的這本《射擊運動員身體運動功能訓練》，就是他們對國家射擊隊從 2011 年備戰倫敦奧運會到 2016 年備戰里約奧運會身體功能訓練實踐的總結。全書在理論層面系統介紹了身體運動功能訓練的內容、分類、特點、設計，分析了射擊項目特徵及對體能的需求；在實踐層面總結了射擊隊運動員身體運動功能訓練原則、訓練流程、訓練實施，包括射擊運動員功能動作篩查與分析、傷病預防與恢復再生、專項力量訓練、能量系統訓練等。透過此書，我們可以感受到射擊金牌背後先進理念的作用，科學訓練的力量，教練員運動員的奉獻，體育科技人員的支撐，國家對運動員的人文關懷。

感謝本書的兩位作者。王駿昇，首都體育學院排球教研室主任、國家射擊隊體能教練；尹軍，首都體育學院體育教育訓練學院院長、國家體育總局備戰奧運會國家隊身體功能訓練團隊專家。

作為高等體育專門院校的教師，他們沒有忘記高校教師必須服務國家重大需求的歷史使命，在日常繁忙的教學管理工作之餘，不斷學習新知，不斷創新實踐，從原來的排球老師、田徑老師，躋身到國家體育總局奧運備戰辦身

體功能訓練團隊；從原來比較熟悉的身體素質訓練，拓展到身體運動功能訓練；從默默無聞的教書匠，發展到了國家隊體能教練、科研教練、體能訓練專家。《射擊運動員身體運動功能訓練》展示的其實就是他們的人生追求，以及他們對於實踐經驗必須上升到理論高度才能導致飛躍的感悟。

期待更多的體育工作者，將自己的或他人的運動實踐經驗提煉、總結、昇華。

首都體育學院校長
中國體育科學學會運動訓練學分會主任委員

射擊運動員　身體運動功能訓練

6

目　錄

第一章

導　論

第一節

中國射擊項目身體訓練的回顧

回顧中國射擊運動的發展，其過程大致經歷了四個階段，即開創階段（二十世紀五十年代）、恢復階段（二十世紀七十年代）、發展階段（二十世紀八十年代）和輝煌階段（二十世紀九十年代至今）。

在射擊項目傳統的體能訓練中，很多教練員進行體能訓練的方法多是以跑步和啞鈴力量訓練為主，缺乏針對功能動作的篩查、功能性力量訓練以及機體恢復再生訓練等。雖然射擊運動員的競技壽命相對較長，但慢性、勞損性傷病仍是制約運動員競技狀態的主要問題，限制了他們在高強度訓練及比賽中的正常發揮。如何使運動員的競技狀態發揮到最佳？如何使運動員的競技水準不受運動損傷的困擾？僅僅以跑步提高運動員的心肺機能、以啞鈴提高運動員的肩部力量是遠遠不夠的。

射擊項目是一種在動態平衡中瞬間激發扳機的靜力保持性運動項目，一場比賽需要運動員長達 2～3 個小時保持靜態的身體姿態；國際比賽中，運動員的心率可以達到 120 次／分以上，精力、體力消耗較大。另外，運動員身體的關節活動度因受到「參賽服」的限制，韌帶和筋膜逐漸失去彈性，成為引起慢性勞損性運動損傷的重要因素。

身體功能訓練能夠很好地彌補傳統體能訓練的不足，透過動作篩查發現運動員關節靈活性與穩定性的問題，改

善身體功能動作模式，提高運動員的專項力量素質和改善慢性運動損傷。

第二節

中國射擊項目身體訓練的進展

2010 年廣州亞運會總結表彰會上，國家體育總局奧運備戰辦邀請馬克・沃斯特根（Mark Verstegen）先生出席國家體育總局備戰 2012 年倫敦奧運會動員大會暨冬訓大會。會上，馬克先生作了以《21 世紀競技運動訓練的特點及其發展趨勢》為主題的報告和訓練展示，拉開了我國各競技體育訓練隊進行身體功能訓練的序幕。

2011 年，國家體育總局競技司備戰辦委派美國 AP（EXOS 公司的前身）的體能訓練專家及中方體能教練進入射擊隊展開身體運動功能訓練，不僅使運動員的專項體能得以改善，還減少了他們的慢性勞損性傷痛，取得了良好的訓練成效。在得到射擊中心領導、教練員和運動員的認可後，中方團隊繼續為國家射擊隊的里約備戰保駕護航。

為了更好地服務射擊項目，現將國家射擊隊在倫敦和里約兩個奧運週期中的體能訓練理論與實踐體系進行全面總結，希望可以為各級射擊中心及運動隊的體能項目培訓提供參考和借鑒。

身體運動功能訓練力求提高人體身體運動功能及射擊項目所需要的基本動作技能（FMS）、基本運動技能

（FSS）及專項運動技能（SSS），從上述幾個維度去建立身體運動功能訓練，打造適合當前射擊項目運動員所需要的身體訓練模式，力爭補充和完善傳統的體能訓練理念和方法，從而為運動員延長運動壽命、提高競技狀態提供堅實的身體基礎。

在國家射擊隊長達近兩個奧運週期的身體運動功能訓練過程中，功能訓練團隊透過借鑒國外最新的訓練方法體系，結合我國射擊項目的需求，整體設計採取了進階模式——

首先，採用功能動作篩查（FMS）對國家隊運動員進行基本動作模式的評估測試；其次，根據功能動作篩查（FMS）所反映身體的不對稱性和運動損傷風險所測試的結果進行分析並擬訂訓練計畫；之後，當遇到出現運動損傷和疼痛部位的情況時，則進一步採取選擇性功能動作篩查（SFMA）來幫助運動員診斷功能不良的成因，並根據不同部位採取不同的物理治療手段或功能動作糾正訓練方案，為各專項運動員有針對性地解決運動損傷問題。

這一環節是將二者（FMS、SFMA）應用於射擊項目體能康復訓練診斷與評價的初級環節，讓接下來射擊項目的身體運動功能訓練更具科學性和針對性。

在身體功能訓練板塊中，訓練團隊會採取動作準備、力量與穩定性訓練、能量系統訓練、傷病預防與矯正訓練及再生恢復訓練等方式，更加全面、系統地保障運動員完成體能訓練。

第二章

身體功能訓練研究現狀

第一節　身體功能訓練釋義

在國外，美國國家運動醫學學院（the National Academy of Sports Medicine）將其定義為「那些涉及特定目標動作完整運動鏈中每一個環節的訓練，並且包含符合特定目標動作特徵的在多個運動平面內加速、減速及穩定性的訓練動作」；美國運動委員會（American Council onExercise）認為，功能性訓練是一些訓練動作的綜合體，包含著特定目標動作所需要的平衡性訓練、穩定性訓練、核心區訓練和動態運動訓練。

GrayCook 於 1997 年首次提出了功能性訓練的概念，指出功能性訓練應注重身體運動鏈的作用，避免單一地訓練某一環節的功能，而是將人的身體運動看作是一個運動鏈。有大量實踐經驗並擔任 1996 年奧運會女子冰球金牌獲得者美國國家隊體能教練 Mike　Boyle 認為，功能訓練是一套目標明確的身體訓練體系，它按照比賽的方式進行身體訓練，使訓練更加有效率和效果。

在國內，身體功能訓練體系的研究始於國家體育總局競技體育司劉愛杰博士。他在《我國運動訓練方法創新的思考》中提出，人體的所有複雜動作都是由基礎動作組合而成的，並且認為身體運動功能訓練是一種為提高專項運動能力，透過加強核心力量並能使肌肉系統更加有效率的訓練方法。

尹軍博士在《軀幹支柱力量與動力鏈傳遞效能之間的

關係》中提出，身體運動功能訓練強調的是動作訓練而不是肌肉訓練，透過身體運動功能訓練提高的是完成專項技術所需要的專門動作品質和競技表現能力，而不是提高肌肉的力量。

　　筆者在中國知網以「功能訓練」「身體功能訓練」為關鍵字，查閱相關文獻 23 篇。由對前人研究的總結和實踐積累，筆者認為，身體運動功能訓練是以提高競技表現為目的，以動作模式訓練為核心，強調多環節、多肌群、多平面的訓練方法，注重「神經—肌肉」控制和本體感覺調節的整合訓練體系。

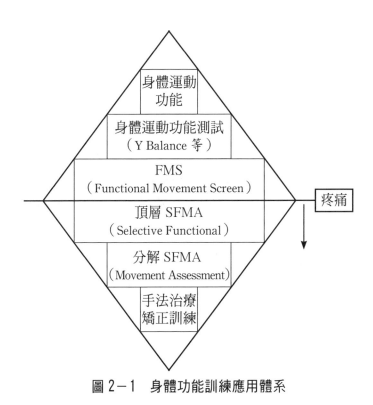

圖 2－1　身體功能訓練應用體系

身體運動功能訓練以疼痛為界劃分為兩個應用體系，透過 FMS 測試，篩查運動員的疼痛，發現運動員的不對稱和功能代償。之後，沒有傷病的運動員，可進入身體運動功能測試和身體運動功能訓練，而對於傷病運動員，則透過「頂層模式」的選擇性功能動作篩查和「分解模式」的選擇性功能動作篩查，確定其障礙根源，進行手法治療和矯正訓練（見前頁圖 2－1）。

第二節　身體功能訓練的內容

功能訓練內容體系主要包含功能動作系統和功能訓練系統兩個部分。功能動作系統透過篩查讓訓練更具針對性，功能訓練系統是功能訓練體系中的核心環節，是功能訓練區別於傳統訓練的本質特徵。

功能動作系統不僅能對人體最基本的動作模式進行評估和篩查，而且能夠直觀體現平衡及靈活能力，是人體運動功能的直觀反映。由功能動作篩查（FMS）、選擇性功能動作評估（SFMA）及 Y- 平衡測試（YBT）三部分構成。

功能動作系統不僅是一套評估系統，也是一系列的訓練組合，依據評估結果進行系統的功能訓練或採取糾正策略才是功能動作系統的價值體現。其訓練內容以多層級、先穩定到不穩定、先簡單到複雜、先慢到快、基本動作模式到結合專項動作的練習步驟，是按照人體運動功能的生長發育進階演進順序（圖 2－2）。

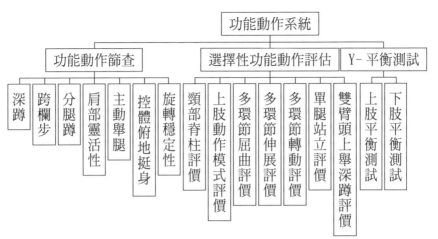

圖 2-2　功能動作系統分類

一、功能動作篩查（FMS）

表 2-1 功能動作系統（FMS）動作測試步驟及目的

編號	名　　　稱	測　試　目　的
1	深蹲（Deep Squat）	軀幹兩側的對稱性，髖、膝、踝關節的靈活性
2	跨欄步（Hurdle Step）	髖、膝、踝的對稱性、靈活性和穩定性
3	分腿蹲 （In-line Lunge）	軀幹兩側靈活性和穩定性及踝關節和膝關節的穩定性
4	肩部靈活性 （Shoulder Mobility）	肩關節內收、外旋及外展、外旋的能力及兩側對稱性
5	主動舉腿 （Active Straight Leg Raise）	骨盆固定時，膕繩肌的主動收縮能力和小腿的柔韌性
6	控體俯地挺身 （Trunk Stability Push-up）	檢測上下肢對稱運動時軀幹在矢狀面的穩定性
7	旋轉穩定性 （Rotational Stability）	軀幹在上下共同運動時過維面的穩定性及兩側的對稱性

注：　依據 Gray cook，Hodges & Zichardson，Michael P Reiman

　　　功能動作篩查理論。

功能動作篩查是以對人體基本動作模式進行穩定性、靈活性、肌肉力量對稱性、關節活動度匹配能力為目的的模糊篩查。

如表 2-1 所示，功能動作系統測試包括 7 個動作。這 7 個人體基本動作模式的功能篩查能準確反應人體姿勢、動作、運動功能以及人體具備各種疼痛的綜合反應。

二、選擇性功能動作評價（SFMA）

在功能動作篩查（FMS）基礎上，進一步對動作模式的細化評價手段是選擇性功能動作評價（SFMA）。選擇性功能動作評價（SFMA）主要用來測量與動作模式有關的疼痛和功能不良，透過使用動作來激發各種症狀和功能不良以及存在與某種動作模式缺陷的訊息。

透過 FN-FP-DP-DN 四種模式作為評價標準，來評定人體基本運動功能：FN 功能正常且無痛；FP 功能正常疼痛；DP 功能不良且疼痛；DN 功能不良且無痛。表 2-2 是 7 個評價動作的評價部位與目的說明。

表 2-2　選擇性功能動作評價（SFMA）步驟及目的

編號	名　稱	評　價　目　的
1	頸部脊柱評價	頸部脊柱屈曲、伸展程度，枕骨—寰椎聯合靈活性，頸部脊柱轉動、側屈程度
2	上肢動作模式評價	肩部全部運到範圍，包括內旋、外旋、伸展、內收、外展、屈曲的活動度
3	多環節屈曲評價	雙髖和脊柱正常的屈曲能力
4	多環節伸展評價	雙肩、雙髖和脊柱正常的伸展能力

編號	名　　稱	評　價　目　的
5	多環節轉動評價	頸部、軀幹、骨盆、雙髖、雙膝和雙腳正常的轉動靈活性
6	單腳站立評價	靜態和動態下單側腿穩定能力
7	雙臂頭上舉深蹲評價	雙髖、雙膝、雙踝的雙側對稱靈活性

注：依據 Gray cook 關於選擇性功能動作評價理論整理。

三、Y- 平衡測試（YBT）

　　Y- 平衡測試（Y-balance test）是以上下肢運動能力對脊柱支持力量評估的方法之一，其目的是利用關節與關節理論（Joint by Joint）以及脊柱支援平衡機制來對身體運動能力進行整體評價，是簡單、快速的損傷風險與核心力量對稱性評估身體功能訓練研究現狀的方法，是對人體執行相關動作時需要的核心穩定性、關節靈活性、神經肌肉控制、動作活動幅度、平衡和本體感覺等綜合能力的量化測試。

　　測試過程需在人體穩定性受限的前提下執行，是對視覺、前庭覺和本體感覺及肢體肌群協作完成一種運動控制過程的綜合反應。

　　身體上四分之一 Y 平衡測試（YBT-UQ）是當單側肢體承受對側肢體體重時，人體用自由上肢觸摸能力的相關身體的量化分析；身體下四分之一肢體的 Y 平衡測試（YBT-LQ）是動態性測試，對身體下四分之一的穩定性、力量、柔韌性和本體感覺提出要求。

四、功能訓練系統（Functional training systems）

競技體育是多個動作模式（Movement patterns）在不同平面上有序疊加和無序的重複組合。動作模式是人體最基本的運動單元，包括：蹲起、蹬抬、推拉、旋轉、屈伸、跑跳、弓步等人體基本運動功能。功能訓練強調動作模式訓練，注重本體感覺和能量代謝系統的整合來實現競技能力的最佳表現形式。

功能性力量訓練、能量代謝系統、快速伸縮複合訓練、多方向速度練習都是依據動作模式分類和項目特點進行的板塊訓練，其訓練板塊遵循週期訓練理論和人體功能解剖的基本訓練學原則。

功能訓練是從動作準備開始，進行訓練前的啟動與神經肌肉的動員。啟動主要包括對軟組織的啟動、運動損傷的預防和扳機點的消除，然後進行動作模式練習。

這部分練習主要是結合專項的動作模式以及核心力量訓練，完整的功能訓練課由功能性力量和能量代謝系統的訓練所組成（圖2－3）。

功能訓練以提高運動員的動作模式為前提，包括核心柱的力量練習，旋轉動力鏈的能力，靈敏素質和平衡性、柔韌性素質為基礎的能量代謝訓練，訓練包括動作準備、軀幹力量練習、動作模式練習、循環力量練習、多方向移動能力、再生恢復訓練等幾個板塊，核心組成部分包括上下肢的快速伸縮複合訓練、結合專項能力的爆發力練習、

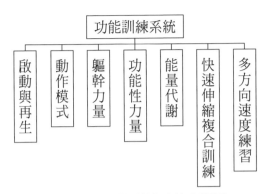

圖 2-3　功能訓練系統分類圖

脊柱力量的穩定性及能量代謝。

　　VSP 體能教練 Ken 認為，功能訓練系統由完整的動作啟動與動作模式訓練及多方向移動能力，核心力量、循環力量和能量代謝系統的訓練所組成。

　　其訓練方法劃分為以上肢、下肢、軀幹、上肢與軀幹組合、下肢與軀幹組合、全身參與 6 種模式的動作練習方式構成。

　　上肢主導的動作練習分為單側上肢和雙側上肢在三個運動平面（矢狀面、冠狀面、水平面）內的推、拉、旋轉以及組合練習方法；下肢分為雙腿或一側腿在三個平面內的推、拉、旋轉以及組合練習方法；軀幹分為靜態穩定及動態在三個運動平面內的屈伸、旋轉及組合練習方法；上肢與軀幹組合、下肢與軀幹組合、全身（上、下肢與軀幹的組合）三個功能動作練習方式主要是人體多維度、多關節參與的旋轉、推拉、屈伸動作方式練習（圖 2-4）。

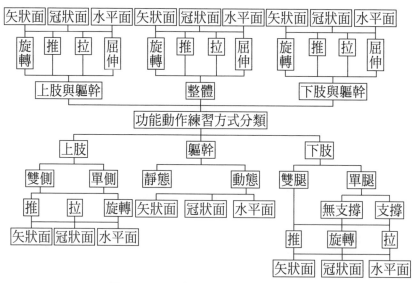

圖 2－4　功能動作練習方式分類

第三節　功能訓練的分類

一、基礎功能訓練

　　基礎功能訓練是為提高人體基本活動能力進行的訓練，包括各種基礎動作模式的訓練，如下蹲、上舉、踏步、投擲等身體基本功能。無論是專業受訓者還是大眾健身人群，都不應該忽視這些訓練。

　　基礎功能訓練可為進一步提高身體各項素質打下良好的基礎，預防運動損傷和各種職業病的發生。

二、專項功能訓練

專項功能訓練是針對專業受訓者和某些特定需求的人群而進行的身體功能訓練。

訓練會準確結合專項動作模式和能量代謝特點，以增強運動能力為主要目的，從而有效提高人體進行不同專項運動的能力。

三、功能康復訓練

功能康復訓練是為恢復人體原有功能而設計的訓練。人體經歷傷病之後，生理結構會受到破壞，身體功能亦會受到影響。

在康復階段結構修復完成之後，需要進行有針對性的功能訓練，如恢復關節活動度和肌肉長度、本體感覺訓練等，以恢復原有功能，降低再次發生損傷的風險，回歸專項訓練和日常生活。

第四節　功能訓練的特點

一、明確的指向性

功能訓練具有明確的指向性，對大眾健身人群而言，它會充分考慮不同對象的個人特點和需求，結合各個專項的動作模式、代謝特點、比賽時間和比賽環境等因素，針對受訓者實際需要來設計訓練動作。評價訓練效果以能否

解決實際問題、提高專項成績為準。

二、多平面、多角度的訓練

人體各個肌群的分佈，有縱向排列的，如股直肌；有橫向排列的，如斜方肌中部；有斜向排列的，如腹外斜肌；還有螺旋形分佈的，如旋前圓肌。這種複雜的排列結構使肢體能夠產生屈伸、外展內收和旋轉等各種運動。

而人體的各種複雜動作都是人體功能性動作的組合，這些動作有推、拉、旋轉、弓步、蹲、體前屈等，它們都是在兩個或兩個以上的平面內完成的動作，因此功能訓練注重人體在多個平面、多個角度的訓練。

三、多環節運動鏈的訓練

功能訓練強調的是動作的一體化和控制下的動態平衡。人體若干環節藉助關節使之按一定順序銜接起來，稱為運動鏈。

在人體上，上肢由肩帶、上臂、肘關節、前臂、腕關節、手等形成上肢運動鏈；下肢由髖關節、大腿、膝關節、小腿、踝關節、足等形成下肢運動鏈。力作用在生物運動鏈上，各環節發生相對的變化。

如何將不同關節的運動和肌肉收縮整合起來，形成符合專項力學規律的肌肉「運動鏈」，為四肢末端發力創造理想條件，是所有運動項目共同面臨的問題。功能訓練是強調多關節、多環節參與的運動，並以人體運動鏈為基礎設計出不同的訓練動作，旨在提高不同關節、不同肌群間

的協同工作能力及運動鏈的能量傳遞效率。

四、強調核心柱的穩定性

核心柱通常指人體的軀幹部分，包括從肩帶至髖關節之間的區域。核心區域在運動過程中擔負著穩定姿態和傳導力量的作用，對上下肢的協同工作及整合用力起著承上啟下的樞紐作用。

同時，四肢運動的各種狀態控制都源自核心區域的肌群，有了強大的核心柱力量作保證，軀幹得到穩固的支援，四肢的運動將更加精確有效，肢體也能夠遊刃有餘地協調完成技術動作，所以功能訓練強調核心柱力量的訓練。

五、強調神經肌肉與本體感覺訓練

人體的一切運動都是由肌肉在神經系統的控制下收縮完成的，因此神經和肌肉不是孤立存在的；本體感覺是人體在運動過程中獲取空間位置和運動狀態的重要途徑，是學習和完成各種技術動作的基礎。

功能訓練強調神經對肌肉的控制，強調神經系統和本體感覺的啟動，只有充分地啟動，才能更加精確地控制肌肉完成複雜的動作，實現訓練目標。

第五節　功能訓練的設計

一、人體動作模式（圖 2-5）

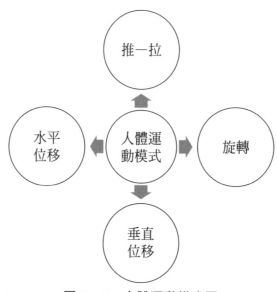

圖 2-5　人體運動模式圖

　　（1）推－拉：由近端向遠端的運動即為推，由遠端向近端的運動即為拉。

　　（2）旋轉：人體各個環節繞關節垂直軸的運動，由前向後稱為旋後，由後向前稱為旋前。

　　（3）垂直位移：人體重心高度的改變即為垂直位移。

　　（4）水平位移：人體重心在水平面上向各個方向的移動。

二、人體功能動作設計（圖 2-6）

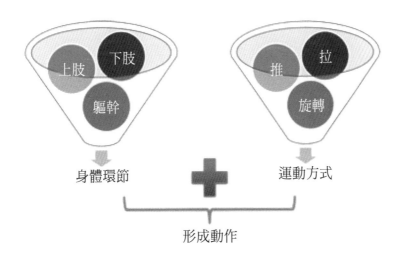

圖 2-6 人體功能動作設計圖

(1) 根據各個主要關節進行動作模式的劃分。

(2) 將各個關節進行優化組合，分別形成上肢、軀幹及下肢動作模式。

(3) 將上肢、軀幹、下肢動作再次進行整合，形成上肢與軀幹組合動作、下肢與軀幹組合動作及上肢與下肢組合動作。

(4) 將上肢、軀幹、下肢進行最後的整合，形成全身動作模式。

三、功能訓練設計原則

(1) 推、拉訓練交替安排。

（2）上肢、下肢、軀幹訓練交替。

（3）先分化訓練再整合訓練。

（4）先靈活性與穩定性訓練，再專項動作模式。

（5）訓練計畫中逐漸增加旋轉訓練比例。

（6）負荷量與強度大小交錯呈波浪形，整體呈上升趨勢。

四、功能訓練的進階

1. 增加負荷

增加負重後，人體所要對抗的外力加大，肌體所要承擔的生理負荷也相應增加。但是，不要因為使用更大的負荷而降低動作質量的標準，也不要一味追求負荷而加大潛在的受傷風險。

2. 加大動作幅度

動作幅度增加對軀幹部分的控制能力就提出了更高的要求。這種方法的好處在於，對身體帶來新的負荷刺激的同時還能對身體穩定性予以訓練。如果這種方法使用得當，效果會非常好，反之則有可能導致受傷。

3. 增加動作速度

人體進行各項體育運動時，完成動作的速度越快，往往成績就會越好。

進行功能訓練時應逐漸增加訓練動作的速度，使其向專項運動速度逐漸靠攏。

4. 減小支撐面

減小支撐面後，身體開始變得不穩定，支撐面較寬的

動作與支撐面較窄的動作相比難度更小。

減小支撐面的常見方法有：站立位時，將雙腳動作改為單腳動作或者縮短雙腳間的距離；在各種橋式練習中，可將肘撐動作改為掌撐或拳撐動作；在完成地面動作時，可將四點位支撐減少至三點位甚至兩點位支撐，以此加大動作模式完成的難度。

5. 提高重心

在一個動作中，受訓者的重心越靠近地面，動作難度越小。這是因為重心更低，就會更靠近支撐基礎，整個系統的穩定性就會越高。在以肌肉、力量以及平衡能力為目標的抗阻力訓練中，利用提高重心的方法來製造不穩定、降低穩定效率。

6. 加大阻力矩

透過改變身體位置和阻力源的位置，增加阻力矩，這時需要肌肉收縮力增加產生更大的動力矩，這時動作難度也就相應提高了。

7. 加入不穩定支撐面

可將瑞士球、平衡墊和 BOSU 球等工具加入訓練計畫中，從而利用不穩定平面來提高動作的難度。不過需要注意的是，這一訓練的根本目的不在於增加動作得難度，而是為了更好地迎合運動專項和人體功能活動的需求，為了使動作模式更加功能化。

8. 動作形式與環境動態化

當人體位置處於一種相對穩定的環境中時，本體感覺訊息也相對不變，所以人體的運動程式不需要對效應器進

行大的調整，所以動作難度相對較小。

但是，如果內外環境發生變化時，本體感覺對大腦皮質的輸入資訊會發生改變，而大腦皮質也會對人體適應外界環境做出相應的調整，動作難度也相應增加。

9. 使用不對稱負荷

使用不對稱負荷會提高對身體控制能力的要求，有助於發展穩定性。

大多數人在自由重量訓練中總是使兩側重量相同，這樣他們就難以獲得不對稱負荷訓練的益處。

但是，如果訓練目標是增加訓練的功能性、提高訓練與日常生活中活動及體育運動的效益轉化，那就有必要進行一些非對稱負荷訓練。

10. 由地面動作變站姿動作

地面動作與站姿動作相比，顯然環境更為穩定。從功能性角度分析，大多數運動項目的運動形式都是要求受訓者以站立姿勢完成的，所以，站姿動作訓練比地面動作更具功能性。

第三章

射擊項目特徵及體能需求

第一節

射擊項目特點的認識與體能解讀

　　射擊是精準類的運動項目，屬於靜力耐力性個人間接對抗項目，其運動特點為小肌肉群精細配合運動。運動實踐表明：影響射擊運動員比賽成績的主要因素有三個，即心理、技術和體能。

　　射擊項目與其他競技項目相比有其獨特性。射擊比賽時間長，動作姿態單一，比賽中運動員的注意力要處於高度集中狀態。因此，射擊項目對體能的要求比較特殊。同時，依據各小項的不同，對運動員體能的要求也有所不同。射擊運動員在整場比賽中對技術動作的穩定性、規律性、一致性以及運動員的自控能力和抗干擾能力都有很高的要求。只有很好地在比賽中控制身體的穩定性才能連續打出高環數、贏取比賽。另外，有氧訓練對提高心血管系統，幫助運動員在比賽中舒緩情緒、緩解大腦供氧能力以及精神狀態也有很好的效果。

第二節　依據專項分析體能需求

一、步槍項目對體能的需求

　　步槍項目的體能訓練主要應以防止傷病、糾正運動員錯誤動作模式以減小傷病風險為主；同時，要針對運動員

存在的膝關節不穩定、踝關節靈活性不夠、髖關節靈活性和穩定性差以及肩部和腰部傷病等，設計矯正力量訓練。另外，有氧能力的訓練也不應忽視，需採用跑步、功率自行車等方式進行。

二、手槍項目對體能的需求

手槍項目相對於步槍而言力量訓練要多一些，體能訓練中要加強協調性的力量訓練，核心區的力量訓練很重要，在訓練中要把專項力量訓練放在首位，專項力量中注重全身參與的協調性力量訓練，同時要重視持槍臂的力量訓練和異側的力量訓練。在加強核心力量訓練的同時，不能忘記柔韌性的保持。

第三節　射擊體能訓練的內容

一、核心訓練

核心訓練是近年來被健身健美、康復和競技體育普遍重視的概念。20 世紀 90 年代初，一些歐美學者開始認識到軀幹肌的重要作用，將這個以往主要用於健身和康復的力量訓練方法拓展到競技體育領域。他們從人體解剖學、人體生理學、力學、生物力學和神經生理學等不同角度對軀幹進行了研究，先後提高了核心穩定性（Core stability）和核心力量（Core strength）的問題。

在解剖學上，學者認為核心部位的頂部為膈肌，底部

為骨盆底肌和髖關節肌。也有學者認為：核心部位包括胸廓和整個脊柱，將整個軀幹視為人體的核心區域。

在功能上，美國等國家的學者將構成或提高核心穩定性的力量能力稱為「核心力量」，而德國等歐洲國家稱為軀幹穩定力量。

核心訓練的核心在於核心本身是分步、分級、分層的一個有機整體。肌肉的部位有深淺，動作的時間有先後，用力有主動、被動與協調，並受神經內分泌調節，還有屈伸、向心與離心、多維度問題。

核心穩定性與核心力量是兩個不同的概念。核心穩定性是人體核心力量訓練的一個結果，而核心力量是核心部位與上肢、下肢整體的力量能力。身體核心穩定性是指包括骨盆和軀幹的力量和穩定性。軀幹部的脊椎是靠腹背肌來維持身體的姿態或運動的，強壯的腹背肌是必不可少的。骨盆可認為是脊椎的「地基」，在軀幹的穩定性上起了很重要的作用。

骨盆的穩定性又與髖關節前後左右的肌群能力有關，所以全面發展身體核心穩定性是至關重要的。然而，傳統的核心訓練多在固定平面上進行，如常用的仰臥起坐練習功能性不強。另外，核心的旋轉力量練習常被忽視，但軀幹一半以上的核心肌群是縱向或橫向排列的，因此，核心的力量練習應同時包括腹部的屈和旋轉兩種運動形式。軀幹穩定性的力量練習有多種方式方法，其關鍵在於要使軀幹處於失衡狀態下訓練。

目前射擊普遍存在核心肌群穩定能力弱或發展不對

稱、不平衡的狀況，因而容易造成腰傷，而腰無力使身體核心難以很好地傳遞力量，也會造成上下肢動作的脫節，影響運動技術的發揮和體能的整體水準，因此，應重視核心力量訓練。

二、功能性訓練

功能性訓練是一種為提高專項運動能力，透過加強整體協調力量並能使神經系統更加有效的訓練方法。對於射擊項目來說包括了動作銜接的穩定性、整體發力的協調能力在內的多關節、整體性、多維度的動作。

功能訓練被認為是一種訓練「動作」或「姿勢」的控制力和精確性活動，而不是練肌肉的發達；它並不強調某一具體動作中的四肢力量的過分發展，而是多關節、多平面的訓練，並把平衡控制和本體感受納入功能訓練的重要內容，並強調全身動作的一體化和控制下的平衡性。

平衡穩定性是競技體育的「功」，功能訓練的核心是訓練技術動作的整體性和神經肌肉系統的本體感覺，本體感覺是技術感覺訓練的重要途徑。

對於射擊項目而言，功能訓練不是獨立的、脫離專項實戰的大負荷體能訓練，與一般體能訓練相比，它使訓練更服從於比賽需要，更有助於提高運動員專項競技能力。另外，功能訓練還表現為對靜力姿態和動力鏈的效果評估，對阻力訓練效率的結構設計，可用於糾正代償、功能障礙和核心穩定性。

功能訓練的品質特徵，可由動作幅度、身體控制力、

平衡能力和功能訓練的優點是，在確保運動員具有紮實的基礎體能後，為提高運動員專項運動能力而設計專門的體能活動。功能訓練的有氧強度、持續時間、頻率應依據射擊專項對其不同要求而確定。

三、體能康復訓練

康復訓練對於射擊項目來說是放在第一位的。體能康復是一個近幾年在運動訓練中普遍接受與應用的新觀念、新方法。它結合了康復醫學和體能訓練的理論和方法，讓處在亞健康的運動員向好的狀態過渡。

由於長期的運動訓練，運動員肌肉力量不均衡，造成關節不穩或關節位置偏離，使關節受傷或使原有損傷加劇，傷痛又會造成運動員的體能下降。如果不採取措施積極地治療變成慢性的話，就會導致很多功能性的障礙，影響動作的穩定性和一致性。

如步槍項目因長期靜止的持槍而造成肩關節前後部肌肉力量和張力的不平衡，進而造成關節不穩定與關節位置偏離，從而使關節變得容易受傷或是原有的損傷加重，引起運動技術穩定性下降和加重本身的勞損，此外，傷痛又造成肌肉不能正常的發力而導致肌力變弱，造成運動員的體能下降，進入一個體能下降、傷痛加重的惡性循環。如單純採用醫療手段治療傷痛部位而不去解決肩關節前後部肌肉力量和張力不平衡的問題，並不能最終排除傷病，運動員可能會因傷病的反覆而影響正常訓練。

為了提高運動員的健康和運動水準狀態，康復性體能

訓練結合康復醫療讓運動員向最佳狀態過渡。不要等到運動損傷後再進行被動康復訓練，而應該透過有針對性的功能練習去主動減少和避免損傷。這就要採用再生恢復的主動訓練。

體能康復訓練包括運動康復與體能訓練：一是在運動員健康狀態良好的情況下提高運動員的身體素質、運動能力；二是當運動員有傷病和運動機能下降時，透過檢查、診斷、評估，配合醫生把功能障礙找出來，正確辨別、診斷運動員功能上的障礙和傷病問題；三是透過物理療法和體能訓練幫助運動員解除或減輕運動員的傷痛，恢復其機能狀態、達到保持系統訓練的目的，並把運動能力恢復過來。這對於射擊項目非常重要，應長期堅持和把握。

在射擊項目中由於老運動員比較多，傷病比較集中，應採用泡沫軸、按摩棒、網球等器械，對運動員進行再生康復性的訓練。訓練的手段和方法應依據運動員傷病情況和項目不同，每天進行 20～30 分鐘的再生康復性訓練。

四、能量系統發展

運動員心率的調節對射擊訓練和成績起著重要的支配作用。有氧訓練可以提高肺活量，為大腦提供足夠的氧氣，關鍵時刻保持清醒頭腦；舒緩心情，保持好心態。

另外，有氧訓練是提高意志品質和保持高度靜止動作下的大腦供氧能力的主要手段。不但能提高心輸出量的泵血能力，而且對肺活量的保持具有很好的效果。在有氧訓練中可採用跑步、騎自行車、游泳、跑台等方式，心率要

控制在 140～160 以內，時間應控制在 40～50 分鐘，如果是冬訓時間可以稍長些，但是依據運動員的能力，逐漸遞增的方式，可採用間歇訓練或者遞增訓練，也可以採用一週兩次雙高峰，或者一週單高峰的訓練模式。

早操建議採用慢跑的形式，一週有兩次大強度的訓練，但主要以有氧跑為主，在強度跑的時候心率控制在 160～180 左右，有氧跑採用 120～160 之間的慢跑，跑步以時間控制訓練量，大約在 40～50 分鐘為宜，強度訓練中時間控制在 20～30 分鐘。跑步前後建議一定要進行牽拉放鬆。利用跑步、游泳、功率自行車、跑步機等手段進行有氧訓練，訓練時間控制在 40～50 分鐘，具體時間根據每個運動的特點來定，青少年運動員要比老運動員量大一些。

五、恢復再生訓練

運動員勞損性傷病主要集中在肩背部、腰部和頸部，有的運動員膝關節和手腕等均有傷。因此，體能訓練應以再生恢復訓練為主；訓練的目的是為了讓運動員更好地保持競技狀態。

恢復是更好的訓練，訓練是支撐。結合多維度、多關節、多肌群參與的功能力量訓練，輔以再生恢復性訓練。要保持至少一週三到四次。一週最好拿出一個下午利用一個小時專門做再生恢復性訓練。再生恢復性的訓練其實就是筋膜放鬆和牽拉放鬆，只有長期堅持才能有效。尤其是在比賽期的訓練中要長期保持一定量的再生恢復性訓練。

第四章

射擊隊運動員的
功能動作篩查與分析

第一節　傷病損傷調查與分析

一、調查結果（表 4-1）

表 4-1　射擊運動員傷病疼痛部位統計表

傷病部位	人數	肩背部	腰背部	頸部	膝部	肘部	腕部
女步	9	6	8	5	4	2	2
女手	9	5	6	4	3	1	1
男手	14	12	11	8	5	2	1
男步	14	8	12	9	5	2	2
合計	46	41	37	26	17	7	6
百分比%		89.1	80.4	56.5	42.5	15.1	13.1

　　根據對專家訪談的資料整理，發現目前國家射擊隊運動員傷病疼痛部位主要集中在肩背部、腰背部、頸部和膝部，比例由高到低依次是肩背部 89.1%、腰背部 80.4%、頸部 56.5%、膝部 42.5%、肘部 15.1% 和腕部 13.1%。

　　女性運動員中，手槍運動員較步槍運動員肩背部損傷人數少 1 人；男性運動員中，手槍運動員的肩背部損傷人數較步槍運動員多 4 人。男性運動員較女性運動員的肩背部損傷發病率高（71.4% > 61.1%），腰背部損傷發病率高（82.1% > 77.8%），頸部損傷發病率高（60.7% > 50.0%）。女性運動員較男性運動員的膝部損傷高（38.8% > 35.7%），肘部損傷率高（16.6% > 14.2%），腕部損傷率高（17.0% > 16.6%）。

二、討論分析

1. 傷病特徵分析

(1) 傷病部位分析

國家射擊隊運動員的年齡分佈為 30 歲以上 9 人，30～20 歲 33 人，20 歲以下 4 人，多數運動員集中在 20～30 歲這個年齡段。但以從事專項訓練時間來看，10 年以上 22 人，10～5 年 20 人，5 年以下 4 人，運動員普遍從事專業訓練較早。另外，地方省市隊常年專項強度訓練，部分訓練方法和手段違背了青少年發育的基本規律，加之教練員和運動員對恢復和再生訓練的不重視，運動員的慢性勞損性傷病比較普遍。

根據表 4－1 所示，運動員傷病部位的發病概率由大到小依次為肩背部 89.1％、腰背部 80.4％、頸部 56.5％、膝部 42.5％、肘部 15.1％和腕部 13.1％。這與陳小亮[1]由對射擊隊員 10 年傷病案例積累，得出的射擊運動員損傷部位腰肌勞損 94％，肩背筋膜炎占 92％，頸椎病占 34％，肘部疼痛 26％，腕部腱鞘炎 26％，梨狀肌綜合征 18％，膝部周圍炎症 12％的結論相似。但是國家隊運動員的頸部、膝部傷病疼痛概率較前人研究分別高 22.5％和 30.5％，腰背部、腕部和肘部傷病疼痛概率較前人研究分別低 13.6％、12.9％和 10.9％。

從性別看，男性運動員肩、頸、背部大肌群傷病疼痛概率較女運動員高，女性運動員膝、肘、腕部關節傷病疼痛概率較男性運動員高；從運動項目看，手槍運動員肩部

傷病疼痛概率較步槍運動員高，步槍運動員腰部傷病疼痛概率較手槍運動員高。

(2) 傷病機制分析

國家射擊隊運動員的傷病大多以慢性勞損性傷病為主。每天訓練中運動員的準備活動和拉伸放鬆時間大約均在 8 分鐘左右，時間過短。每天的放鬆多在下午的體能課或者晚上的隊醫按摩中完成，而當天沒有體能課或沒有隊醫按摩的隊員，由於自身對恢復和再生訓練的重視程度不夠，疲勞不能及時、有效地得到恢復，週而復始地訓練，使肌肉局部氣血供應不充分，久而久之形成慢性傷病。

其次，射擊運動員為了達到人槍合一，身體重心長期偏向一側，骨骼、肌肉和韌帶長期處在非正常生理位，部分關節受累明顯，長此以往兩側肌力發展不平衡，進而形成急、慢性傷病。

另外，也有部分隊員在集訓期大負荷訓練時發生了急性炎症，但是由於處理和恢復得不徹底，逐漸轉化成慢性損傷。

(3) 傷病原因分析

國家隊射擊運動員的傷病疼痛概率最高的三項指標為肩背部、腰背部和頸部。

1) 肩背部損傷原因分析

手槍運動員右臂運槍，手臂在肩關節不斷重複外展姿勢，慢射和氣手槍項目，還要在外展位保持靜止 10 秒左右。步槍運動員左臂屈肘貼於身體左側皮服上、左手托槍承重，右肩關節成半外展平舉位，內收並稍向前方自然

保持。兩者都需要關節和肌肉在非對稱體位長時間保持靜力等長收縮。在集訓期，手步槍運動員每天上午訓練 3 小時，下午訓練 2 小時，夜間訓練 1.5 小時，實彈訓練量平均在 200～400 發之間，每天平均每分鐘打一發子彈，加上預習和舉持久訓練，運動員每天持槍負荷 500～600 次。

以手槍運動員為例，持槍臂的三角肌、斜方肌、肩袖肌群、手臂肌群需協同發力，肱二頭肌長頭腱長期在肩峰下不停滑動，易導致肱二頭肌長頭肌腱炎；三角肌長期保持靜力穩定，易導致三角肌肌腱炎；背闊肌、肩胛內側菱形肌、肩胛提肌、肩袖等肌群長期處於靜力緊張狀態，也會引起肩背部筋膜炎。以步槍運動員為例，運動員左側肩關節和脊柱向左後旋，右側肩關節右前旋。左側背部肌肉、右肩前側肌肉長期收縮得不到放鬆，使身體姿態出現問題，運動模式發生了改變，胸小肌、胸大肌緊張牽拉肩胛骨前移，外展肩關節時，關節之間空隙減小發生摩擦和撞擊，導致了疼痛。

因此，手步槍運動員應加強胸肩前肌群拉伸，提高後肩背部力量，改善肩胛骨生理位置；同時，加強胸椎的靈活性和多做與射擊專項反向的拉伸動作。

2）腰背部損傷原因分析

射擊運動員無論是在訓練還是在比賽中都需要腰部肌肉參與，手槍運動員訓練時，骨盆左下傾、微右後旋；步槍運動員訓練時，骨盆左上傾、微左後旋；而且手步槍運動員的塌腰動作會導致骨盆前傾，髂腰肌、腰方肌縮短，腰椎前凸。為了控制好人槍合一的重心，腰部肌肉幾乎長

期處於不對稱的緊張狀態，腰部肌筋膜長期受到牽拉，纖維組織產生損傷，形成筋膜炎症和慢性肌肉勞損。因此，要注意鬆解髂脛束、闊筋膜張肌、髂腰肌等肌群和腰骶部筋膜，加強臀部肌群、核心肌群的力量與腰椎穩定性。

3）頸部損傷原因分析

手步槍訓練時，頭部單向、多次向右偏轉，步槍運動員還要求右腮緊貼槍托，造成雙側頸部肌肉肌力嚴重不對稱，肌肉單側反覆收縮，導致左右側斜方肌、肩胛提肌、胸鎖乳突肌、斜角肌等肌群肌力的變化，進而影響頸椎骨關節和肌肉運動的不對稱。其次，由於頸部長期的旋轉姿勢，頸椎部分肌腱變化，氣血、水分、營養供應不足引起變性、甚至鈣化。另外，袁軍在研究中提到長期頸部無菌性炎症也會引起頸椎骨質增生，頸椎生理曲度變直，頸椎及其周圍軟組織逐漸產生退行性病變。

第二節　功能動作篩查與分析

FMS 測試共分為 7 個基礎動作，透過識別測試者在每個基礎動作中的表現來甄別測試者的動作控制能力，並進行 0～3 分的評分。如果動作按標準完成得 3 分，如果在完成動作過程中有任何代償行為得 2 分，如果不能完成動作得 1 分，此外，如果在疼痛激發測試中發現疼痛，無論動作能否完成都得 0 分。

7 個動作得分合成總分，其中有 5 個動作進行雙邊測試，如果左右側得分不同，取得分最小值並標注兩側不對

稱。根據 FMS 測試結論，總分 ≦ 14 分的運動員存在高損傷運動風險。

一、測試結果

以 2015～2016 年度國家射擊集訓隊主力隊員共 46人為研究對象，其中女性運動員 18 人，男性運動員 28人，基本訊息：

表 4－2　研究對象基本訊息統計

測試對象	人數	年齡	身高	體重	BMI
女步	9	22.2±5.6	164.3±4.9	59.0±8.2	21.9±0.5
女手	9	26.0±5.3	164.1±4.8	55.6±5.4	20.6±2.0
男手	14	23.4±4.9	176.7±5.7	73.2±8.1	23.4±1.2
男步	14	24.1±5.6	177.3±5.9	69.3±1.0	22.3±2.3

測試結果如（表 4-3）：

表 4－3　手步槍運動員身體功能動作篩查統計

項目	深蹲	分腿蹲	跨欄步	肩靈活性	直腿高抬	軀幹撐	體旋轉	總分
女步	2.5±0.8	1.9±0.5	1.8±0.4	2.5±1.1	2.7±0.5	1.4±0.7	1.7±1.0	14.6±2.6
男步	2.3±0.8	2.3±0.5	2.1±0.4	2.3±1.1	2.3±0.5	1.7±0.7	1.9±0.9	14.9±2.7
女手	2.5±0.5	2.2±0.4	1.8±0.4	2.8±0.8	2.5±0.5	1.3±0.8	1.7±0.8	14.9±2.1
男手	2.4±0.5	2.0±0.5	2.0±0.5	1.9±1.4	2.3±0.7	2.0±0.9	1.8±0.7	14.9±2.1

如表 4-2 所示。

透過獨立樣本 T 檢驗，男、女運動員之間無顯著性差異（P > 0.05）；手、步槍運動員之間無顯著性差異（P > 0.05）；由於疼痛激發測試中出現了 0 分隊員，肩關節靈活性、體旋轉穩定性的分值最低，而且 4 個項目的總分得分均不超過 15 分，整體的得分偏低。

表4-4　國家射擊隊運動員對稱動作得分統計

得分	0分	1分	2分	3分
深蹲人數	0	3	16	27
俯地挺身人數	0	33	5	8
合　計	0	36	21	35
百分比%	0	39.1	22.8	38.1

　　從對稱性動作得分（表4-4）總體看，得1分比例最高為39.1%，1分和2分動作共占比61.9%，低分動作比例較高。深蹲測試中3分比例最高為56.7%，2分和1分得分者中男性運動員居多。俯地挺身測試中1分比例最高為71.7%，且俯地挺身測試中1分以上得分者均為男性運動員。

表4-5　國家射擊隊運動員不對稱動作得分統計

得分	0分	1分		2分		3分	
部位		左	右	左	右	左	右
弓箭步	0	1	3	31	35	14	8
跨步	0	3	3	41	39	2	4
肩部靈活性	6	2	5	2	3	36	32
直腿抬高	0	1	0	15	21	30	25
旋轉穩定性	7	0	0	42	41	4	5
合計	13	7	11	131	139	86	74
百分比%	2.8	1.5	2.4	28.4	30.2	18.6	16.1

　　不對稱動作測試中（表4-5），肩關節疼痛激發測試中6人疼痛，軀幹伸展疼痛激發測試中7人腰骶部疼痛，上述13人得0分。另外，不對稱動作測試中，以得2分人數居多，占比58.6%；3分動作得分次之，占比34.7%；1分及以下動作得分占比最少，僅為6.7%。

二、討論分析

1. 深蹲測試分析

深蹲是挑戰全身力學結構與神經肌肉控制的測試動作，要求肩帶、肩胛骨、脊柱和腿部對稱的靈活性與穩定性，而且需要肩、髖、膝、踝良好的關節靈活性與肌肉間協調控制能力。

在深蹲測試得分結果中，按性別分，女性運動員肩關節、髖關節和踝關節靈活較好，得 3 分人數較多。按專項分，步槍運動員肩關節、髖關節和踝關節靈活較好，得 3 分人數較多。

射擊運動員出現 2 分動作主要有以下幾種情況：

第一，踝關節靈活性差，導致無法完成下蹲動作。為了保持身體穩定性，手步槍運動員的後鏈肌群長期緊張，男性運動員身體穩定性普遍弱於女性運動員，因此，導致其踝關節穩定性力量不斷增強，靈活性弱於女性運動員，部分運動員下蹲困難。但是，當運動員腳後跟站在 5 公分木板上後，均可完成下蹲動作。

第二，部分運動員下蹲時習慣內扣，雙膝沒有與腳尖在同一直線上。射擊運動員存在不對稱現象，手槍運動員訓練時右腿處於內旋位，步槍運動員訓練時左腿處於內選位，另外，女性運動員由於肌力弱，膝內扣現象比較普遍，這都是由於大腿兩側肌力不均、踝關節背屈受限所致，需要進行單側補償訓練。

第三，部分運動員手上杆子前傾，這是由於射擊運動

員普遍存在肩帶前肌群過緊，後側下斜方肌、菱形肌力量不足的前交叉症狀，另外，部分運動員的胸椎後突也會引發 2 分動作。

2. 跨欄步動作檢測結果分析

跨欄步動作反映了髖關節雙側不對稱情況下的靈活性與動態穩定性。

射擊運動員普遍穩定性較好，跨欄步動作檢測整體測試成績較好，2 分得分比例較高，但是，有 5 人次出現兩側嚴重不對稱現象，左右側差值 2 分。

2 分動作主要因為進行提腿跨欄時，髖、膝、踝關節沒有在同一條垂直線上，踝關節和膝關節產生外展代償動作，這是由於髖關節、踝關節的靈活差導致的。

步槍運動員立姿射擊時，骨盆左上傾左後旋，右側腰肌長期緊張收縮；手槍運動員站姿射擊時，骨盆右上傾右後旋，左側腰肌長期緊張收縮；而且兩者都有骨盆前傾現象。髖關節靈活性受限、腿部和跟腱部肌群緊張，因此得 2 分現象比較普遍。

3. 直線弓箭步動作檢測結果分析

直線弓箭步動作能夠反映脊柱、髖、膝、踝的靈活性與動態穩定性存在的不足。

直線弓箭步動作得分與跨欄步動作得分比例相似，2 分與 3 分得分比例較好，同樣，也有 4 人次兩側嚴重不對稱現象，左右側差值 2 分。

射擊運動員 2 分動作表現為：第一，手持杆前傾、不垂直於地面；第二，下落過程中出現晃動；第三，髖、踝

關節靈活性不好，下蹲受限。

杆前傾主要是因為運動員髖部屈肌、肩前肌群過緊、胸椎後突。髖關節和踝關節靈活性差、動作模式受限，也會造成下蹲時出現身體晃動或動作完成得不好。

4. 肩部靈活性動作檢測結果分析

肩部靈活性能夠反映肩帶、肩胛骨、胸椎的靈活性以及上肢交互動作模式的控制能力。

女性射擊運動員肩部靈活性較好，除 3 人在疼痛激發測試中，出現撞擊疼痛，其他女子運動員左右側得分均為 3 分。男子慢射運動員在疼痛激發測試中，3 人出現肩峰下撞擊疼痛。另外，男子運動員中有 5 人次出現兩側嚴重不對稱，差值為 2 分。

在肩關節靈活性測試中，步槍運動員展示了良好的肩關節靈活性，但是，大多手槍運動員由於持槍和日常生活習慣，有前交叉綜合症症狀，胸小肌、肩胛提肌緊張，下斜方肌、菱形肌薄弱，造成肩關節靈活性差，產生扣分動作。

5. 直腿抬高動作檢測結果分析

直腿抬高動作能夠反映屈髖腿的主動靈活性、被動腿的髖關節伸展性以及動作中核心的穩定性。

直腿抬高動作是雙側動作，左右兩側各測 3 次。3 分得分比例較高，1 分得分比例較少，2 分動作主要表現為腿抬的高度不夠、髖關節轉動、臀部抬起等。

女性運動員的成績普遍比男性運動員要好。女子運動員平時注重拉伸訓練，幫助自己恢復再生和改善肌肉線

條。而男子運動員更偏重力量訓練，訓練後對恢復和再生訓練重視不夠，需要在訓練中改善。

6. 軀幹穩定性俯地挺身動作檢測結果分析

軀幹穩定性俯地挺身檢測是評價運動員在做上肢閉合運動鏈對稱性動作時保持軀幹在矢狀面上穩定性的能力。

射擊運動員在 7 項基本動作模式測試中，軀幹穩定性得分最低，平均得分為 1.6 分。

射擊運動員的立姿射擊，長期依靠腰骶部小關節鎖死支撐，身體左右兩側肌力不對稱，脊柱有輕度側彎現象，軀幹整體協調發力不好。而且運動員普遍上肢最大力量較弱，尤其在手高於肩關節的位置發力，神經——肌肉的對稱協調發力的動作模式控制不好，導致運動員普遍出現扣分動作。

7. 軀幹旋轉穩定性動作檢測結果分析

軀幹旋轉穩定性可以觀察上下肢聯合動作中，骨盆、軀幹、肩帶在多個平面內的穩定性。

運動員完成兩側 3 分標準動作（同側抬肘抬膝）的人數為 1 人，能夠單側完成 3 分標準動作的人數為 8 人；完成 2 分標準動作（異側抬肘抬膝）的人數為 37 人。單側完成 3 分標準動作的隊員，對側不能控制軀幹在額狀面和水平面上的活動，造成了軀幹向支撐側的傾斜，在降低難度後做 2 分標準動作，代償性動作消失。軀幹旋轉穩定性需要控制軀幹在多個維度上的穩定性，射擊運動員雖然軀幹穩定性較好，但是在單側支撐時，由於身體兩側肌力的不對稱，還是不能很好地完成 3 分動作。在疼痛激發測試

中，3 人出現疼痛，需要避免脊柱過伸的動作。

　　綜上，透過功能動作篩查系統發現射擊運動員肩關節靈活性較差，肩前肌群和肩袖肌群緊張，下斜方肌和菱形肌力量弱，上臂內收內旋動作模式受限，易在深蹲、弓箭步蹲、肩靈活性測試中產生失分動作。身體後鏈肌群緊張，髖關節靈活性差，在弓箭步蹲、跨欄步、直腿抬高測試中產生失分動作。身體兩側對稱穩定性不足，軀幹協調力量較差，易在跨欄步、旋轉穩定性和軀幹俯地挺身測試中產生失分動作。射擊運動員應注重改善肩、髖、踝關節的靈活性，加強菱形肌、肩袖、核心區等深層穩定肌及弱側力量，改善不對稱現象。

第三節　選擇性功能動作篩查與分析

　　SFMA 測試是一個臨床評估系統，透過疼痛激發測試和動作模式評估來識別肌肉骨骼系統的功能障礙。運用動作模式、手法治療和運動干預的綜合評估體系。分為頂層模式選擇性功能動作篩查和分解模式選擇性功能動作篩查。

　　透過頂層模式篩查，我們將 10 項頂層動作模式評定為功能正常和無痛（FN）、功能正常和疼痛（FP）、功能障礙和無痛（DN）、功能障礙和疼痛（DP）。

　　經由分解模式篩查，我們逐步解決動作各環節在主動和被動、負重和非負重、單邊和雙邊等模式下的問題。例如，上肢動作模式篩查[2]，如圖 4-1。

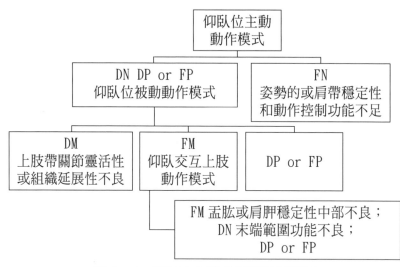

```
                    ┌─────────────┐
                    │ 仰臥位主動   │
                    │ 動作模式     │
                    └──────┬──────┘
            ┌──────────────┴──────────────┐
    ┌───────────────┐            ┌──────────────────┐
    │ DN DP or FP    │            │      FN           │
    │ 仰臥位被動動作模式 │            │ 姿勢的或肩帶穩定性   │
    └───────┬───────┘            │ 和動作控制功能不足   │
            │                    └──────────────────┘
   ┌────────┴────────┬──────────────┐
┌──────────────┐ ┌──────────┐ ┌──────────┐
│    DM         │ │   FM      │ │          │
│ 上肢帶關節靈活性 │ │ 仰臥交互上肢 │ │ DP or FP  │
│ 或組織延展性不良 │ │ 動作模式   │ │          │
└──────────────┘ └────┬─────┘ └──────────┘
                      │
              ┌───────────────────────────┐
              │ FM 盂肱或肩胛穩定性中部不良;   │
              │ DN 末端範圍功能不良;         │
              │ DP or FP                    │
              └───────────────────────────┘
```

圖 4－1　SFMA 上肢分解測試流程圖

一、測試結果

　　身體功能動作篩查 FMS 觀察了運動員不對稱和動作模式受限的現象,為了進一步明確其成因,需要進行選擇性身體功能動作篩查測試 SFMA。

　　由於 SFMA 單人測試需 1 小時,耗時較長,僅以 FMS 測試中得分較低的女子步槍隊 15 人為測試對象,便於控制和操作。

　　透過頂層模式選擇性動作篩查統計表 4－6,我們發現射擊運動員頸部靈活性受限較多,共計 50 人次;上肢有肩關節靈活性受限較多,共計 11 人次;軀幹伸展動作受限較多,共計 12 人次;下蹲動作模式受限較多,共計 6 人次。

表 4-6　頂層模式選擇性功能動作篩查表

頂層動作模式		FN 功能正常／ 無痛	DN 功能異常／ 無痛	FP 功能正常／ 疼痛	DP 功能異常／ 疼痛
主動頸部屈曲		3	10	0	2
主動頸部伸展		2	9	2	2
主動頸部旋轉	左	1	13	0	1
	右	2	9	0	4
上肢動作模式 1	左	13	2	0	0
	右	11	4	0	0
上肢動作模式 2	左	14	1	0	0
	右	8	3	3	1
多環節屈曲		14	0	1	0
多環節伸展		9	4	3	0
多環節轉動	左	9	5	0	0
	右	11	3	0	0
單腿站立	左	15	0	0	0
	右	15	0	0	0
雙臂上舉下蹲		9	6	0	0

注：數字代表人次。

　　透過分解模式選擇性功能動作篩查，尋找問題的癥結。

二、討論分析

1. 頸部篩查分析

　　在頸部測試中，有 41 人次在頸部屈曲、伸展和旋轉中出現 DN，因為現役女子步槍運動員均為右手射擊，頸部長期左前旋並保持腮貼槍的固定姿勢，因此，在篩查中，頸部多旋轉 DN。透過頸部模式分解測試，採用仰臥位主動及被動的屈曲、旋轉、C1 和 C2 旋轉測試，進一步

分解測試。

針對頸部 DN 的 41 人次發現：如果隊員仰臥位，做頸部分解動作模式，36 人次 DN 降低，關節活動度有改善，說明頸部肌群控制能力弱。

因此，應加強頸部深層肌群力量訓練，同時，加強頸部上關節靈活性、鬆解肩胛提肌。

2. 上肢篩查分析

在上肢動作模式篩查中，隊員均表現出良好的肩關節靈活性，但有 4 人次在肩部後伸、內收、內旋時表現出輕微絞索感，與隊員右側肩胛骨前旋有關。這 4 名運動員兩側不對稱，持槍側手臂激發疼痛測試中有 1 人為陽性。經由上肢模式分解測試，採用俯臥位主動及被動的內收內旋、外展外旋、90 ／ 90 測試、仰臥位交互逆向活動，進一步分解測試。

針對肩部功能受限的 9 人次發現：運動員由於長期右手持槍站立，左側肩關節和脊柱向後旋，右側肩關節前旋。左側背部肌肉、右肩前側肌肉長期被牽拉得不到放鬆，使身體姿態出現問題，運動模式發生了改變，胸小肌、胸大肌緊張牽拉肱骨前移，外展肩關節時，關節之間空隙減小發生摩擦和撞擊導致了疼痛。

因此，應加強胸前肌群拉伸，提高上背部力量，改善肩胛骨生理位置，同時，加強胸椎的靈活性和多做與射擊專項反向的拉伸動作。

3. 軀幹篩查分析

多環節屈曲測試中，1 名隊員的腰背部出現疼痛。步

槍運動員小腿三頭肌及其肌腱過緊，另外，腰肌兩側不對稱，持槍重心側過緊，單側屈曲時，疼痛和受限減輕。

多環節伸展和旋轉測試中，3人次的腰背部出現疼痛，12人次出現動作受限現象。透過主動及被動腰椎鎖定單邊測試、法伯爾測試和改良湯瑪斯測試等，進一步分解測試。針對腰部功能受限的12人次發現：湯瑪斯測試髂腰肌、闊筋膜張肌緊張。髖關節活動度正常，靈活性沒有問題。腰骶關節靈活性正常，動作模式無障礙。運動員腰骶關節、下部腰椎在運動時由腰椎上部和胸椎代償。骨盆前傾，髂腰肌、腰方肌被牽拉，腰椎產生疼痛。

因此，要改善腰椎穩定性，鬆解闊筋膜張肌、髂腰肌等肌群，同時，加強核心力量及核心穩定性。

第四節　Y-BALANCE 測試與分析

一、測試內容簡介

1. 上肢 Y 字平衡性測試

上肢 Y 字平衡性測試（YBT-UQ）是一個可以最大限度測定上肢活動度和穩定性的動態測試。這個測試在測定支撐側手臂、肩帶以及軀幹穩定性的同時，也測定另一側伸展手臂、肩帶以及軀幹的活動度。

在每一個伸展測試中，被測者保持平衡並觸及最遠距離的同時，肩胛的穩定性、活動度、胸椎旋轉度以及核心穩定性可以得到綜合測定。測試過程中被測者需要運用平

衡能力、本體感覺和力量全神貫注地完成動作，由此在有限的支撐範圍內盡可能地向外伸展手臂。

設計這種測試是為了在俯地挺身的姿勢下檢測被測者軀幹和上肢的功能。被測者一隻手在 YBT 裝置的中心方盤上保持俯地挺身姿勢，用另一隻手儘量向身體中外側以及沿對角線穿過身體向對側外下、外上三個方向將標誌板推到最遠處。

2. 下肢 Y 字平衡性測試

下肢 Y 字平衡性測試（YBT-LQ）是一種動態測試，它是在單腿站立時評價力量、靈活性、核心力量和本體感覺的測試。它可用作身體運動功能評估，確診慢性踝關節炎與膝關節前交叉韌帶的不穩定性，也可預測運動員下肢損傷風險。下肢射擊隊運動員的功能動作篩查與分析 Y 字平衡性測試包括 3 個運動方向（前側、後中側、後外側）。這個測試的主要目的是在保持單腿站立的基礎上，另一條腿伸出並盡可能達到最遠的位置。

二、測試結果與分析

上肢測試結果：男性：中側 94.5±7.8；下側 95.3±10.1；上側 71.0±9.8；綜合得分 95.8±8.6；女性：中側 81.5±5.2；下側 77.7±6.1；上側 62.4±7.3；綜合得分 89.1±6.9。

下肢測試結果：男性：上側 68.8±7.8；中側 109.6±9.1；下側 109.3±8.8；綜合得分 98.9±7.5；女性：上側 64.8±4.7；中側 102.8±4.8；下側 102.1

±5.5；綜合得分 99.7±4.5。上肢測試和下肢測試中各三個方向的成績並沒有算入被測者的臂長和腿長，而男性普遍在身高、臂長和腿長上比女性佔優勢，所以在男女性別對比上，綜合得分則顯得更為準確和公平。

經測試我們發現，無論是步槍還是手槍，男性運動員的上肢綜合得分都要高於女性運動員，男子手槍則比男子步槍上肢得分更高。下肢綜合成績中，女性運動員要略高於各自項目的男性運動員。

Robert Butler 等人曾研究過美國一所大學游泳隊的 Y-Balance 測試結果，並得出了女性游泳運動員的上肢表現均不如同等級運動水準的男性運動員的結果，而且女性運動員的上肢損傷機率要高於男性運動員，這與本書測試結果相同。因此，為了避免女性運動員的慢性勞損性傷病的出現，應注意改善女性運動員的上肢力量和上肢關節的穩定性。

另外，由下肢的比較分析，我們可以看到女性運動員的穩定性略好於男性運動員，但是實際測試環節中，部分運動員由於下蹲痛，影響了測試成績。

射擊運動員平時有氧練習量較大，運動員訓練後，腿部肌群長期保持靜力收縮已經處於緊張狀態，部分運動員沒有充分啟動與動員肌肉，直接進入大量的跑步環節，運動後缺乏系統的再生恢復練習，只採用簡單的腿部後群肌肉拉伸，導致運動員的膝部傷病產生。

因此，運動員平時應多用泡沫軸滾壓股四頭肌前群和內側頭、闊筋膜張肌、髂脛束以及小腿三頭肌，然後，針對

上述肌群每個部分系統拉伸 2～3 次，充分地鬆解膝部相關肌群，緩解膝部傷痛和避免運動損傷形成。

第五節　專項體能測試與分析

一、測試內容簡介

（1）**心肺功能**：臺階試驗，3 分鐘高臺 96 節拍上下運動，然後測試心率恢復狀況，反應心肺功能。

（2）**腿站立穩定性**：單腳閉眼站立，肉眼可見晃動兩次，測試停止，測量站立時間。

（3）**軀幹及肩帶力量耐力**：八級俯橋測試，男子：60 秒＋ 15 秒 ×4 ＋ 15 秒 ×2 ＋ 30 秒＝ 180 秒；女子：50 秒＋ 10×4 ＋ 10×2 ＋ 30 秒＝ 150 秒。

（4）**核心穩定性**：4 個方向支撐 3 分鐘，100 秒及格，否則存在高運動損傷風險。

（5）**手臂支撐穩定性（手槍）**：持槍姿勢，上下 1 公分，肉眼可見兩次停止，測量持槍時間。

表 4－7　射擊隊冬訓體能測試表

姓名	身高	體重	臺階試驗	單腿站立 左	單腿站立 右	八級俯橋	核心穩定 前	核心穩定 後	核心穩定 左	核心穩定 右	持槍時間

對國家男子手槍慢射隊 12 名隊員做了身體素質指標測試，從專項持槍耐力、軀幹力量、核心耐力、站立穩定

性及心肺功能五個方面進行評價，涵蓋身體上肢、肩部、軀幹、腰腹、下肢等部位及內臟機能，契合專項實際。結果如下：

二、測試結果與分析

1. 成年主力隊員測試分析

表4-8　成年主力隊員測試表

測試內容	測試方法	測試隊員												平均值
		PW				WZW				PWF				
專項持槍耐力	啞鈴專項持槍耐力（5磅）	120				128				160				136
軀幹力量（肩帶與核心）	八級腹橋測試	125				130				180				145
核心耐力	前後左右靜力撐	前	背	左	右	前	背	左	右	前	背	左	右	329
		47	129	110	62	77	138	71	38	45	123	73	73	46
		348				324				314				
站立穩定性	單腿睜眼靜力站	左		右		左		右		左		右		312
		140		180		135		170		130		180		
		320				305				310				
心肺功能	台階試驗	44				45				54				48

成年隊主力隊員測試，專項持槍耐力平均值為136秒，軀幹力量145秒，核心耐力329秒，站立穩定性312秒，心肺功能指數48。

專項持槍耐力PQF力量耐力最好，軀幹力量PQF最好，核心耐力PW最好，站立穩定性PW最好，心肺功能PQF最好。但整體看，WZW指標最均衡，沒有短板。

2. 成年非主力隊員測試分析

表 4-9　成年非主力隊員測試指標

測試內容	測試方法	測試隊員 MJJ				測試隊員 CGP				測試隊員 ZYL				平均值
專項持槍耐力	啞鈴專項持槍耐力（5磅）	128				78				166				124
軀幹力量（肩帶與核心）	八級腹橋測試	118				68				105				97
核心耐力	前後左右靜力撐	前	背	左	右	前	背	左	右	前	背	左	右	222
		30	79	20	20	133	30	40	45	45	120	60	50	
		149				243				275				
站立穩定性	單腿睜眼靜力站立	左		右		左		右		左		右		196
		180		148		70		75		50		65		
		328				145				115				
心肺功能	台階試驗	44				72				57				58

　　成年隊非主力隊員測試，專項持槍耐力平均值為 124 秒（主力 136），軀幹力量 97 秒（主力 145 秒），核心耐力 222 秒（主力 329 秒），站立穩定性 196 秒（主力 312 秒），心肺功能指數 58（主力 48）。

　　非主力隊員中，持槍耐力 ZYL 最好，軀幹力量 MJJ 最好，核心耐力 ZYL 最好，站立穩定性 MJJ 最好，心肺功能 CGP 最好。

3. 青少年隊員測試分析

表 4－10　青少年隊員測試指標

測試內容	測試方法	LH	SZX	QFH	ZB	SY	WJY	平均值
專項持槍耐力	啞鈴專項持槍耐力	120	105	110	100	90	88	102
軀幹力量	八級腹橋測試	180	180	180	105	120	90	143
核心耐力	前後左右靜力撐	315	395	335	265	328	295	322
站立穩定性	單腿睜眼靜力站立	253	280	120	242	205	200	217
心肺功能	臺階試驗	60	52	73	58	47	57	58

　　青少年隊員測試，專項持槍耐力平均值為 102（主力 136）秒，軀幹力量 143 秒（主力 145 秒），核心耐力 322 秒（主力 329 秒），站立穩定性 217 秒（主力 312 秒），心肺功能指數 58（主力 48）。

　　青少年隊員中，持槍耐力 LH 最好，軀幹力量 LH、SZX、QFH 最好，核心耐力 SZX 最好，站立穩定性 LH 最好，心肺功能 QFH 最好。

4. 對比分析

表 4－11　三組隊員測試指標平均值

測試內容	測試方法	成年隊主力隊員平均值	成年隊非主力隊員平均值	青少年隊員平均值
專項持槍耐力	啞鈴專項持槍耐力	136	124	102
軀幹力量	八級腹橋測試	145	97	143
核心耐力	前後左右靜力撐	329	222	322

測試內容	測試方法	成年隊主力隊員平均值	成年隊非主力隊員平均值	青少年隊員平均值
站立穩定性	單腿睜眼靜力站立	312	196	217
心肺功能	臺階試驗	48	58	58

　　總體看，成年隊主力隊員在專項持槍耐力、軀幹力量、核心耐力、站立穩定性四項指標上最好，心肺功能指數較低，與平時有氧耐力運動較少有關。

　　成年隊非主力隊員，專項持槍耐力指標較好，核心耐力、軀幹力量及站立穩定性較弱，需進行核心力量、腿部力量及其穩定性訓練。

　　青少年運動員，專項持槍耐力指標最差，核心軀幹力量與成年主力隊員相差不大，這與青少年身體形態有關，站立穩定性與成年主力隊員差距明顯。

第五章

射擊運動員傷病預防
與恢復再生

透過傷病調查、功能動作篩查、Y-Balance 測試與選擇性功能動作篩查，我們發現射擊運動員的傷病主要部位集中在肩背部、腰背部、頸部，多為慢性勞損，由於專項特徵，身體兩側普遍存在不對稱性，不對稱運動員的傷病概率明顯增大，運動員的胸椎、髖關節靈活性缺失，肩胛骨、髖關節不在正常的生理位置，以上這些現象都是導致傷病的原因。

本章重點介紹射擊運動員的傷病預防與矯正訓練方法，為切實降低運動損傷發生的機率，保障運動員的健康保駕護航。

第一節　傷病預防與恢復
再生訓練的生理學基礎

一、扳機點的生理學基礎

當我們想移動或使用肌肉時，肌肉會明顯地隨意收縮。然而，有時整個肌肉會不隨意收縮，我們稱之為痙攣。肌肉的一小部分不隨意收縮，產生疼痛和功能障礙，我們稱為激痛點狀態。

研究表明，激痛點是肌肉骨骼疼痛最常見的原因。疼痛科醫生發現，目前將近 75％的疼痛是由激痛點引起的。激痛點引起肌肉持續緊張，進而使肌肉無力，並且增加肌肉骨骼連接處的應力。這通常導致關節附近疼痛，激痛點區別於其他肌肉疼痛的一個顯著特徵就是——激痛點

總是牽涉身體其他部位的疼痛。這就是很多療法無效的原因。

大多數療法認為疼痛區域也就是疼痛的來源，而真正的病因可能來自一個完全不同的位置。

二、軟組織的生理學基礎

筋膜是指包在肌肉外邊的結締組織，淺筋膜又叫皮下筋膜，位於皮下，對深層的肌肉、血管、神經具有保護功能。深筋膜位於淺筋膜深面，形成肌間隔，約束肌肉牽引方向，保證肌肉或肌群的單獨活動。

肌肉是不能直接連接在骨骼上的，必須通過筋膜附著連接在骨骼關節上，為肌肉起到固定作用。傳統的拉伸和放鬆訓練，只能對其中的肌肉進行啟動和放鬆，大多數肌肉附著點為緻密的結締組織，裡面血液、神經較少，不容易在傷病預防和恢復再生訓練時被有效啟動。

而僅對中間部分的肌肉進行拉伸，肌肉附著點久而久之得不到有效刺激和喚醒，逐漸就會發生磨損，從而引起各種肌腱炎等其他運動損傷的發生。

筋膜解剖結果已經證明人體是一個完整的系統，從胚胎學意義上講，所有結締組織都源自中胚層，各層基本上是劃分整個有機體的一層包裹，覆蓋著器官和肌肉，並組成人體皮膚。

人體的筋膜系統是一個整體，利用網球（或壘球）、按摩棒、泡沫軸等器械就可以對軟組織進行各種啟動，而且還可以對淋巴系統進行相應刺激，促進淋巴系統循環。

第二節　傷病預防與恢復
再生訓練的內容與方法

一、傷病預防與恢復再生訓練內容

　　射擊運動損傷預防訓練主要包括 4 個組成部分：軟組織激活、軀幹啟動、動態拉伸、神經動員。

　　射擊運動的恢復再生訓練主要包括 4 個組成部分：扳機點按壓、筋膜滾動放鬆、矯正訓練和肌肉拉伸。

二、傷病預防的訓練方法

1. 常用的訓練器械

　　身體功能訓練中實施的各種軟組織啟動練習，主要是通過運動員使用按摩棒、泡沫軸、網球（或壘球）等器材，對相關的肌腱、肌肉、扳機點和筋膜進行啟動和刺激，預先動員機體的本體感覺，透過適宜力度的刺激對機體較為「緊張」的部位進行喚醒，節省訓練資源。

表 5-1　軟組織啟動常用的訓練器械及使用方法

器械名稱	使用方法	圖樣
壘球 （Base Ball）	常用於扳機點啟動和肌肉痛點的鎮壓，使用時可以在目標位置及周圍，在自身控制下，進行上下、左右以及在目標位置周圍做順、逆時針圓形滾動	

器械名稱	使用方法	圖樣
按摩棒（Stick-Self Roller Massager）	常用於對中小塊肌肉進行梳理，使用時沿肌肉從縱切面進行來回滾動，有些時候可以對目標位置的不同側面進行啟動、梳理	
泡沫軸（Foam Roller）	常用於大塊肌肉進行梳理，使用時一般利用使用者自身體重，對目標位置進行前後方向以及左右方向進行滾壓	
花生球或雙球（Peanut Ball）	為美國 AP 公司製作器械，大多將 2 個網球或壘球用膠帶纏繞在一起，常用於對脊柱兩側的扳機點按壓，使用時將球放於脊柱下方	
體操墊（Fitness Mat）	為運動員在地面上，做一些側臥、俯臥、仰臥等動作時使用	

2. 傷病預防訓練方法

（1）軟組織啟動方法

　　透過啟動肩頸部、腰背部的筋膜與扳機點，可以更加充分地動員肌肉組織，避免筋膜的黏連和勞損，對於預防運動損傷和提高專項表現都有積極的作用。

①肩頸部啟動

【動作規格】

把花生球放在肩部前扳機點，頭部轉向對側，靜止
30秒鐘，也可以直臂做上迴旋；接著將花生球放在頸部
下方，枕寰部、頸部中部、頸部下部各保持15秒，然後
做頸部牽拉運動（圖5－1、圖5－2）。

【動作要領】

尋找扳機點，點壓後，充分拉伸放鬆。

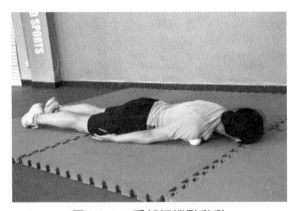

圖5－1　肩部扳機點啟動

圖5－2　頸部扳機點啟動

②腰背部啟動

【動作規格】

仰臥位，將泡沫軸放在背部下方，上下滾動 15 次，然後將泡沫軸放在胸椎下方，雙手抱頭，屈肘向天花板，胸椎伸展 10 次（圖 5-3）。

【動作要領】

滾動距離長，充分刺激到肌肉全程，遇到痛點停頓 10 ～ 15 秒鐘，減緩疼痛後，再繼續滾壓。

圖 5-3　胸椎伸展動作①

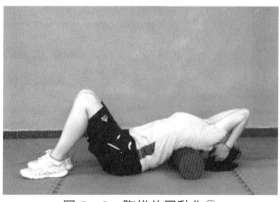

圖 5-3　胸椎伸展動作②

（2）軀幹啟動方法

軀幹是人體動力鏈傳遞的樞紐，是承上啟下的重要環節，通過對軀幹部位深層肌肉群、肩胛部、肩袖小肌肉以及臀肌的啟動，可以充分動員軀幹的整體力量，提高專項訓練中動力鏈的力的傳遞效果。

①肩胛骨俯地挺身

【動作規格】

身體成平板撐姿勢，肩胛骨做前伸、後縮的俯地挺身姿勢，8～12次一組，完成2組（圖5-4）。

【動作要領】

保持軀幹不緊張，不能塌腰，體會肩胛骨前伸和後縮的感覺。

圖5-4　肩胛骨俯地挺身

②L字機器人

【動作規格】

大臂水平外展，手臂成L字，拇指向上，做大臂外旋至最大範圍，然後緩慢下放，重複10～15次（圖5-5）。

圖 5－5　L 字機器人啟動

【動作要領】

體會肩袖發力動作，動作速度要慢，動作要充分。

③臀肌啟動

　　臀大肌是人體面積最大、力量最大的肌肉，但是我國傳統的體能訓練對它的作用未給予高度重視，導致我國運動員未能充分利用臀大肌的作用。身體功能訓練極為重視臀大肌參與運動，因為臀大肌不僅能夠緩衝人體落地時地面對人體產生的反作用力，而且運動時臀大肌的發力，還能夠幫助下肢能量快速地向軀幹和四肢傳遞，減少能量洩露，有利於維持軀幹支柱的穩定性。臀大肌力量不足，會

引起膝關節以及骶髂關節等周圍關節出現「代償」動作，加大周圍肌群的受刺激負荷，進而引起運動損傷。

常用的臀大肌力量訓練方法：

迷你帶內收／外展

【動作規格】

基本動作準備姿勢，膝關節內收、外展動作，外展時不得超過身體矢狀面（圖 5－6）。

【動作要領】

保持基本功能動作準備姿勢，腹肌和臀大肌保持收緊狀態。

圖 5－6　迷你帶原地雙膝內外展

迷你帶正向／背向行進間走

【動作規格】

動作準備姿勢時，雙膝彎曲成半蹲姿勢，軀幹適當前傾，兩腳尖方向超前，行進時左或右腳依次前／後行，小腿始終保持與地面垂直方向，每步的移動距離約為一腳左右（圖 5－7）。

【動作要領】

兩腳前後走時，快速起動是關鍵，每步的動作都要有爆發力。每一步向前或向後移動的距離不能過大，要注意身體姿態的控制，膝關節不能超過腳尖垂直面（圖 5－7）。

圖 5－7　迷你帶正向／背向行進間走（邁步）

迷你帶側向走

【動作規格】

基本動作準備姿勢開始，右腿向左蹬地，左腿向左側邁步，小腿與地面始終保持垂直方向，身體重心左移，並保持在同一水平面上，右腳積極跟進後繼續保持準備姿勢。然後開始下一步練習，依次交替進行（圖 5－8）。

圖 5－8　迷你帶側向走

【動作要領】

移動時身體重心要平穩，兩肩不能前後晃動。尤其快速起動是該練習的關鍵動作要領，每一步的動作都要體現出爆發力。

每一步向前或向後移動的距離不能過大，注意身體姿態的控制，膝關節不能超過腳尖的垂直面。

(3) 動態拉伸

動態拉伸在訓練中不僅能起到對韌帶、肌肉的拉伸刺激作用，還能提高對身體的控制能力，而且能夠有效加強運動員本體感受，增加運動員的專項動作幅度，有效地對身體易損傷部位進行拉伸，比靜力性拉伸負荷要大。

透過動態拉伸訓練可以達到有效拉長肌肉，增大關節活動範圍，增強連續動作的能力，增加肌肉間協同工作能力等目的。

射擊運動員通常先採用常規的動態拉伸方法，頸部2個動作，各4個8拍：動態屈伸與環轉、提肩擴胸仰頭；肩部4個動作，各4個8拍：肩部繞環、直臂繞環、肩胛骨繞環、擴胸振臂；胸部1個動作，4個8拍：上下體轉；腰部3個動作，各4個8拍：腰部繞環、腰部側伸展、腹揹運動；腿部4個動作，各4個8拍：弓步壓腿、側壓腿、後群拉伸、外側拉伸；膝踝部3個動作，各4個8拍：膝部屈伸、踝部環轉、跟腱拉伸。

然後，加入本體感覺控制的全身性或局部的拉伸練習，如：

①大腿前群肌肉拉伸

【動作規格】

左腿上步，左臂伸直上舉，右手握住右腳踝（或腳背），右腿膝關節垂直向下，拉伸1～3秒後。再換右腳做同樣練習（圖5-9）。

【動作要領】

腳尖向前，兩膝關節盡量靠近，支撐腿同側的肩、髖、膝、踝保持在一條直線上，充分拉伸大腿前群肌肉。

圖5-9　大腿前群肌肉拉伸

②上步提膝拉伸

【動作規格】

左腿支撐在地面上，上體保持正直，左手輕輕提拉左膝向軀幹靠近，盡力充分拉伸臀部肌群（圖5-10）。

【動作要領】

動作過程中，上體正直，支撐腳的腳尖保持向前方向。

圖 5－10　上步提膝拉伸

③股外側拉伸

【動作規格】

左腿支撐在地面上，一手握左腿的踝關節，另一隻手抱左腿的膝關節，成「角鬥士」預備姿勢。練習時，上體保持正直，左手輕輕提拉左膝向軀幹靠近，盡力充分拉伸臀部的外側肌群（圖 5－11）。

【動作要領】

動作過程中，上體正直，支撐腳的腳尖保持向前方向。

圖 5－11　股外側拉伸

④前／後弓步拉伸

【動作規格】

站立姿勢開始，一腿向前／後跨步，下蹲成弓步姿勢（膝關節以及後支撐腿的髖、膝關節皆成90°），前支撐腿的異側臂上伸，保持上體正直並做側向拉伸（圖5－12）。

【動作要領】

膝關節不要著地，上體保持正直，臀大肌保持收緊狀態，側向拉伸的動作幅度要適宜，不要做過度的拉伸。

圖5－12　前／後弓步拉伸

⑤弓步側蹲

【動作規格】

站立姿勢開始，一腿向側面跨出一步，呈臀部後坐姿勢，軀幹保持正直姿勢。練習時，注意保持腳尖和膝關節向前，且膝關節不能超過腳尖的垂直面（圖 5－13）。

【動作要領】

雙腳的腳尖保持向前方向，一條腿的膝關節保持伸直姿勢，另一條腿彎曲時，膝關節不能超過腳尖垂直面，軀幹始終保持挺直的身體姿態，臀大肌收緊。

圖 5－13　弓步側蹲

⑥後撤步跪撐

【動作規格】

站立姿勢開始，一隻腳向後側方跨小半步，兩腿呈交叉步姿勢，然後保持雙腳處於固定狀態，當髖關節轉至正面方向時，兩膝彎曲呈下蹲姿勢。練習者要注意體會臀腿部拉伸的感覺（圖 5－14）。

圖 5－14　後撤步跪撐

【動作要領】

練習時，髖軸要保持穩定，充分拉伸臀腿肌群。

⑦爬行走

【動作規格】

站立姿勢開始，練習時兩膝伸直成體前屈，兩腳保持固定，然後兩手向前伸出做交替的向前爬行，當雙手向前爬行至最大程度的俯撐姿勢時，停頓3～5秒。然後兩手保持固定，雙腳做交替的小步走，並向兩手支撐方向靠攏。注意腳踝做彈性的蹬地動作，直到開始姿勢結束（圖 5－15）。

圖 5－15　爬行走

圖 5－15　爬行走

【動作要領】

雙手向前伸至個人所能承受的最遠距離，手腳靠近的距離是越近越好。

⑧最偉大的拉伸

【動作規格】

一條腿向前跨一步成弓步姿勢，前支撐腿的膝關節不要超過腳尖的垂直面，後支撐腿的膝關節保持伸直，臀大肌收緊，軀幹保持正直；前支撐腿對側的一隻手著地，另一隻手臂做屈肘下壓動作並將肘關節向踝關節方向貼近，然後將屈肘的手臂向身體上方翻轉，轉動脊柱，直臂外展指尖向上；雙手著地置於前支撐腿腳掌的兩側，身體重心後移，前腿向後蹬伸、腳尖勾起，拉伸大腿股後肌群，軀幹緊貼在前支撐腿；前腿屈膝，上體直立至弓步姿勢。以此動作，左右側各重複 5 次（圖 5－16）。

【動作要領】

動作過程中，軀幹保持挺直姿勢，臀大肌保持收緊。

圖 5－16　最偉大的拉伸

⑧燕式平衡拉伸

【動作規格】

單腿支撐，另一側腿與臀、肩保持在一條直線上，雙臂側舉，腳尖向下、腳跟向後蹬伸，臀大肌和腰背肌保持收緊（圖 5－17）。

圖 5－17　燕式平衡拉抻

【動作要領】

髖軸與地面保持平行，單腿支撐時另一側腿的腳尖勾起、臀大肌收緊，上舉腿的同側髖關節不要出現向上翻轉動作。

(4) 神經啟動

【動作規格】

雙腳依次快速蹬踏地面 6～9 秒鐘，或聽口令快速踏地向前、向後、向左、向右移動 6～9 秒鐘（圖 5－18）。

【動作要領】

上體軀幹、大腿和小腿保持夾角 90°。

圖 5－18　神經啟動

三、恢復再生的訓練方法

1. 扳機點按壓

(1) 足底滾壓

【動作規格】

　　將網球（或壘球）放於左腳的足弓最高處，重心緩慢地移到左腳上，輕輕用左腳推動網球（或壘球），使網球（或壘球）在腳掌下方做前後、左右的小範圍滾動，或者做順、逆時針轉動。然後換另一隻腳繼續練習（圖 5－19）。

【動作要領】

　　體驗足底被刺激的本體感覺，重點是對比較緊張的部位進行針對性反覆按壓、滾動。

　　運動員也可以用控制重心移動的方法，合理控制足底刺激的力度和部位。

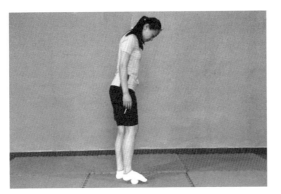

圖 5－19　足底滾壓

（2）跟腱按壓

【動作規格】

將扳機點觸壓棒放於左腳跟腱下方，右腿直腿疊放在左腿上（左腳腳尖自然向上），上體正直，兩臂直臂支撐於髖側，將身體支撐離開地面。靠手臂的力量，推動左腳在扳機觸壓棒上做前後方向的小範圍移動。滾動幾次後，採用同樣的方法換另一隻腳繼續練習（圖 5－20）。

圖 5－20　跟腱按壓

下肢移動幅度不要太大，主要是對跟腱部位啟動；動作過程中，注意腳尖自然向上，因為過分地勾／繃腳尖，會使跟腱處於繃緊的狀態。

(3) 髂腰肌扳機點按壓

【動作規格】

俯臥位，將扳機點觸壓球放於腹股溝內側髂腰肌扳機點，雙肘支撐將身體支撐離開地面。按壓 1 分鐘以上，然後採用同樣的方法換另一側（圖 5－21）。

【動作要領】

準確尋找到痛點，緩慢進行練習。

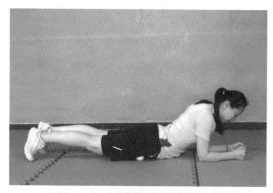

圖 5－21　髂腰肌扳機點按壓

(4) 闊筋膜張肌扳機點按壓

【動作規格】

側臥位，將扳機點觸壓球放於闊筋膜張肌和髂脛束的肌扳機點，單肘側支撐將身體支撐離開地面。按壓 1 分鐘以上，然後採用同樣的方法換另一側練習（圖 5－22）。

【動作要領】

準確尋找到痛點，緩慢進行練習。

圖5－22　闊筋膜張肌扳機點按壓

(5) 腰背部扳機點按壓

【動作規格】

　　將雙球放於下腰部的骶髂關節處，緩慢地做腹背肌的屈伸練習；完成次數要求後，將球放於肩胛骨的下沿，兩臂伸直在體前做前後方向的交替上舉動作；完成以上練習8～10次後，

將球放於肩胛骨上沿，兩臂在胸前做緩慢地張開、交叉抱手動作，練習8～10次（圖5－23、

圖5－23　雙球啟動部點陣圖（腰部）①

圖 5－24）。

圖 5－23　雙球啟動部點陣圖（腰部）②

圖 5－24　雙球啟動部點陣圖（腰部）①

圖 5－24　雙球啟動部點陣圖（腰部）②

【動作要領】

準確尋找到痛點，緩慢進行練習。

(6) 肩部扳機點按壓

・胸大肌放鬆

【動作規格】

將球放於鎖骨肩峰端下側，左臂屈肘，做矢狀軸方向的後收—前伸動作（圖 5－25）。

【動作要領】

尋找到痛點，在痛點處，緩慢做矢狀軸方向的後收動作。

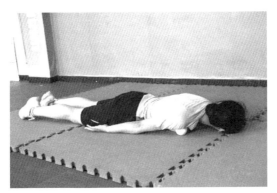

圖 5－25　胸大肌放鬆

(7) 頸部扳機點按壓

【動作規格】

將雙球放於頸部上部、中部、下部，靜止 1 分鐘，動作過程中，頸部可以緩慢左右擺動（圖 5－26）。

【動作要領】

準確尋找到痛點，緩慢進行練習。

圖 5-26　頸部扳機點按壓

2. 筋膜滾壓放鬆

(1) 小腿肌肉放鬆

①按摩棒小腿肌肉放鬆

【動作規格】

坐在體操墊上，右腿伸直，左腿自然屈膝，雙手持按摩棒放在左腿小腿處，然後對腓腸肌、比目魚肌、跟腱等部位做上下滾動刺激。滾動幾次後，採用同樣的方法換右腿繼續練習（圖 5-27）。

圖 5-27　按摩棒小腿肌肉放鬆①

圖 5-27　按摩棒小腿肌肉放鬆②

【動作要領】

按摩棒向前移動的最大幅度不能到跟腱部位；向後移動的最大幅度不能超過膝蓋正下方。若想要增加刺激強度，可以換用壘球進行練習。

②泡沫軸小腿肌肉放鬆

【動作規格】

將泡沫軸放於左小腿下方，右腿可以屈膝置於一側，也可以將右腿伸直疊放在左腿上，也可以雙腿平行置於泡沫軸上。

兩臂伸直支撐於體後，將身體支撐離開地面，由兩手臂的推動動作，使左腿股後肌群在泡沫軸上前後移動，移動 8 ~ 10 次後，換右腿做相同的練習（圖 5-28）。

【動作要領】

按摩棒向前移動的最大幅度不能到跟腱部位；向後移動的最大幅度不能超過膝蓋正下方。

圖 5-28　泡沫軸小腿肌肉放鬆

(2) 大腿後側肌肉放鬆

【動作規格】

　　將泡沫軸放於左大腿下方，右腿可以屈膝置於一側，也可以將右腿伸直疊放在左腿上。兩臂伸直支撐於體後，將身體支撐離開地面，由兩手臂的推動動作，使左腿股後肌群在泡沫軸上前後移動，移動 8～10 次後，換右腿做相同的練習（圖 5-29）。

圖 5-29　泡沫軸大腿後側肌肉放鬆

【動作要領】

移動幅度向前，向前移動最大位置不能超過膝蓋正下方；向後移動最大幅度至臀部為止。

(3) 大腿內側肌肉放鬆

【動作規格】

將泡沫軸按照與軀幹平行的方向置於大腿內側，然後將身體另一側撐離地面，使身體的重量置於泡沫軸上，由身體重心的左右轉移使大腿內側壓在泡沫軸上並做左右方向的滾動。

當泡沫軸向身體外側移動時不能超過膝關節；泡沫軸向身體內側移動時不能超過腹股溝。滾動 8～10 次後，換另一條腿做相同的練習（圖 5－30）。

【動作要領】

啟動訓練時，身體重心要向被刺激部位移動，以便更好地增加刺激強度。

圖 5－30　泡沫軸大腿內側肌肉放鬆

（4）大腿外側肌肉放鬆

【動作規格】

將泡沫軸放於大腿外側，支撐臂屈肘呈側臥支撐姿勢，依靠支撐臂的推動動作使大腿骨外肌群在泡沫軸上做前後方向的移動。滾動8～10次後，換另一條腿做相同的練習（圖5-31）。

【動作要領】

泡沫軸移動位置向下肢移動的最大幅度不能超過膝蓋；向髖關節方向移動的最大幅度不能超過髂前上棘。

圖5-31　泡沫軸大腿外側肌肉放鬆

（5）大腿前側肌肉放鬆

【動作規格】

雙臂屈肘呈俯撐姿勢，將泡沫軸放於大腿前群肌肉下方，依靠支撐臂的推動動作使大腿前肌群肌肉在泡沫軸上做前後方向的移動。滾動8～10次後，換另一條腿做相同的練習（圖5-32）。

圖 5－32　泡沫軸大腿前側肌肉放鬆

【動作要領】

泡沫軸移動位置向踝關節移動的最大幅度不能超過膝蓋；向髖關節移動的最大幅度不能超過髂前上棘。

(6) 臀大肌放鬆

【動作規格】

兩膝自然彎曲、併攏，左腿折疊後自然地放在右腿上方，然後將泡沫軸或網球（或壘球）置於左側臀大肌下方，雙手置於體後呈直臂支撐姿勢並將臀部撐離地面，當重心放在左側臀部位置時，由緩慢地移動尋找痛點，然後在痛點處做前後、左右方向的

圖 5－33　泡沫軸臀大肌放鬆

移動。移動8～10次後，換另一條腿做相同的練習（圖5－33）。

【動作要領】

啟動一側的臀大肌，身體重心就要移動到相應的對側面。

(7) 臀中、小肌放鬆

【動作規格】

下肢成4字形，身體側傾，手臂支撐，將拉伸的臀肌部位放在泡沫軸上，上下充分滾動；然後側臥位，上面外側腿支撐，滾動下面臀中、小肌（圖5－34）。

【動作要領】

啟動一側的臀肌，身體重心就要移動到相應的對側面。

圖5－34　臀中、小肌放鬆

(8) 腰背部放鬆

【動作規格】

坐於體操墊上，兩膝關節自然彎曲、腳尖保持向前，

將泡沫軸置於體後的腰背位置。雙手抱頭，上體後仰，髖關節離開墊子直體躺在泡沫軸上，由雙腳的蹬伸動作使泡沫軸在腰背部位做前後方向的滾動。向後滾動的最大幅度不能超過頸椎部位；向前滾動的最大幅度不能超過腰椎部位（圖5-35）。

【動作要領】

動作過程中，雙手抱頭，雙肘自然外展。雙肘方向不可向前，避免出現腰背部肌肉處於緊張狀態，從而影響練習效果。

圖5-35　腰背肌肉放鬆

（9）背闊肌放鬆

【動作規格】

將泡沫軸放於腋窩後下方位置，下方的髖關節離開地面，然後通過支撐腿的屈伸動作，使泡沫軸在肩下腋窩後側方位置，做小範圍的滾動（圖5-36）。

【動作要領】

動作過程中，臀部離開地面，儘量將身體重心壓在泡

圖 5－36　背闊肌放鬆

沫軸上，增大肩關節受刺激的強度。

3. 拉伸放鬆

（1）頸部拉伸動作

【動作規格】

站立位，一側手背後，頸部轉向對側，如圖所示拉伸
（圖 5－37、圖 5－38、圖 5－39）。拉伸 2～3 次，每次
15 秒左右。

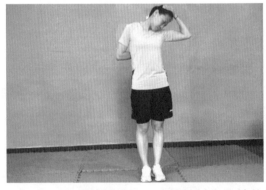

圖 5－37　頸部拉伸動作 1（頸部斜方肌拉伸）

【動作要領】

動作柔和緩慢，調整下頜指向，拉伸肌群不同部位。

圖 5－38　頸部拉伸動作 2（頸部胸鎖乳突肌拉伸）

圖 5－39　頸部拉伸動作 3（頸部後群頭夾肌、頸夾肌拉伸）

（2）頸肩部拉伸動作

①肩胛提肌拉伸

【動作規格】

站立位，拉伸斜方肌姿勢，頸部轉向對側，然後緩慢抬手臂，至高點，逐步拉伸肩胛提肌。拉伸 2～3 次，每次 15 秒左右（圖 5－40）。

圖5-40　肩胛提肌拉伸

【動作要領】

動作柔和緩慢，手臂平行身體上抬。

②頸肩肌肉放鬆

【動作規格】

站立位，提肩、擴胸、抬頭、吸氣保持，然後放鬆。
重複8～10次（圖5-41）。

【動作要領】

動作柔和緩慢，呼吸配合動作。

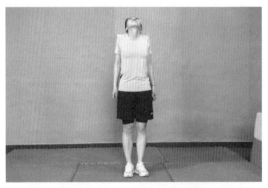

圖5-41　頸肩肌肉放鬆

（3）肩臂部拉伸動作

【動作規格】

　　站立位，拉伸姿勢如圖 5－42～圖 5－45 所示。拉伸
2～3 次，每次 15 秒左右。

【動作要領】

　　動作柔和緩慢，逐步牽拉肌肉。

圖 5－42　肩臂部拉伸動作 1（三角肌拉伸）

圖 5－43　肩臂部拉伸動作 2（菱形肌拉伸）

圖 5－44　肩臂部拉伸動作 3（肩袖肌肉拉伸）

圖 5－45　肩臂部拉伸動作 4（手臂屈肌拉伸）

（4）胸肩前肌群拉伸動作

【動作規格】

　　站立位，拉伸姿勢如圖 5－46、圖 5－47 所示。胸大肌拉伸根據手臂高度不同，牽拉胸大肌不同部位。胸椎伸展時，保證腰椎直立，手臂和胸椎儘量向後伸展。拉伸 2～3 次，每次 15 秒左右。

【動作要領】

　　動作柔和緩慢，逐步牽拉肌肉。

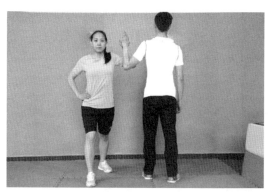

圖 5－46　胸肩前肌群拉伸動作 1（胸大肌拉伸）

圖 5－47　胸肩前肌群拉伸動作 2（胸椎伸展）

(5) 胸背肌群拉伸動作

【動作規格】

　　站立位，拉伸姿勢如圖所示。背闊肌拉伸在三頭肌拉伸基礎上，繼續側倒。體側鏈拉伸，在背闊肌拉伸基礎上，將下肢繼續向對側伸展。腰背拉伸時，手抓住腳踝，雙肘向下儘量向地面伸展。拉伸 2～3 次，每次 15 秒左右（圖 5－48～圖 5－50）。

圖 5－48　胸背肌群拉伸動作 1（背闊肌拉伸）

圖 5－49　胸背肌群拉伸動作 2（體側鏈拉伸）

圖 5－50　胸背肌群拉伸動作 3（腰背拉伸）

【動作要領】

動作柔和緩慢，逐步牽拉肌肉。

（6）髖腿肌群拉伸動作

【動作規格】

弓步站立位，拉伸姿勢如圖 5－51 ～圖 5－53 所示。背闊肌拉伸在三頭肌拉伸基礎上，繼續側倒。體側鏈拉伸，在背闊肌拉伸基礎上，將下肢繼續向對側伸展。腰背拉伸時，手抓住腳踝，雙肘向下儘量向地面伸展。拉伸 2～3 次，每次 15 秒左右。

【動作要領】

動作柔和緩慢，逐步牽拉肌肉。

圖 5－51　髖腿肌群拉伸動作 1（髂腰肌拉伸）

圖 5－52　髖腿肌群拉伸動作 2（黎狀肌拉伸）

圖 5－53　髖腿肌群拉伸動作 3（大腿後群拉伸）

四、矯正訓練

做好關節損傷預防訓練的基本前提是清晰地掌握損傷原因，在與運動員的交談中我們也瞭解到，除了發生在訓練過程中的損傷為急性損傷之外，大部分的運動損傷均為慢性損傷，其根本原因是運動員青少年時期缺乏系統的身體功能訓練，導致腰椎、肩關節和膝關節出現大量的慢性損傷，甚至喪失了部分運動功能。

膝關節的功能是在矢狀面內做各種屈伸動作，但步槍運動員在訓練過程中膝部股骨通常呈內旋姿勢，而脛骨處於外旋姿勢，這將會導致膝關節周圍韌帶損傷和關節囊及半月板長期處於非正常生理位置，加之常年的大量有氧長跑練習，膝部極易出現勞損傷病。

同樣，肩部的盂肱關節是靈活性關節，肩胛關節是穩定性關節；肩關節的功能決定了運動員在訓練中要注意加強盂肱關節的靈活性訓練，提高肩胛關節的穩定性訓練。而射擊運動員肩部長期負重保持靜力等長收縮，肩胛骨前伸位明顯，肩關節靈活性缺失，極易發生肩部撞擊綜合症的情況。

損傷矯正訓練的基本內容可以安排在日常的個性化體能訓練中，也可以安排在恢復性再生訓練中，施行扳機點按壓、筋膜放鬆、肌肉和關節牽拉以及力量的補償訓練等手段，使關節周圍的肌肉和筋膜得到梳理。身體的不對稱性改善，能提高運動員的傷病預防和改善效果。

當運動員完成矯正訓練後，在關節靈活性或穩定性提高的基礎上，再重點發展專項動作模式，同時提高專項所需的各種能力，儘量保障運動員在健康的狀態下從事專項訓練，延長運動員的運動壽命，這對於天才射擊運動員的保護尤為重要。

1. 肩關節矯正訓練方法

肩背部有兩個重要關節，一個是肩胛關節，另一個是盂肱關節。這兩個關節在部位和功能上存在著很大差異，

其中盂肱關節是球面關節，具有 360° 的活動範圍和運動能力，屬於靈活性關節。肩胛關節是由肩胛骨和鎖骨組成，只能在冠狀面和水平面做較小範圍的活動，故又稱為穩定性關節。

身體功能訓練理論則認為，對於盂肱關節而言，在訓練中要在關節穩定的條件下，提高盂肱關節的活動範圍，預防訓練要以肌肉梳理和牽拉為主。

對於肩胛關節而言，在訓練中要在提高關節穩定性的條件下，增強以肩胛關節附著肌肉的發力（表 5－2）。

表 5－2　肩關節常用矯正訓練方法

訓練內容	練習一	練習二	練習三	組數	次數
筋膜梳理	胸肩扳機點按壓	肩背扳機點按壓	肩背泡沫軸滾壓	2	60 秒
關節肌群柔韌	胸肌牽拉	胸椎後伸展	90/90 拉伸	2	60 秒
肩部關節力量	瑞士球四點撐抬臂	彈力帶肩胛後縮	肩胛迴旋練習	4	15 次以上
		T/Y/W 抬臂進階	肩袖旋轉練習		
備註：弱側與強側的拉伸和矯正力量訓練量控制在 2：1 或 3：1					

2. 腰背部矯正訓練方法

從人體的解剖結構來看，腰部為軀幹支柱的一個重要部分；從運動功能來看，腰部主要是維持身體的穩定性，臀部肌肉發力產生的能量由軀幹傳遞到四肢（表 5－3）。

在以往的力量訓練中，很多教練員過於重視腹肌和背肌力量訓練，而且練習的手段大多為仰臥起坐、背起等。

但是，這些練習的不足之處在於僅僅重視了單關節運動和發展局部肌肉力量，未能產生很好的整體用力效果。

表 5-3　腰背部常用矯正訓練方法

訓練內容	練習一	練習二	練習三	組數	次數
筋膜梳理	雙球脊柱按壓	腰背部筋膜放鬆	腹部筋膜梳理	2	60 秒
關節肌群柔韌	髂腰肌拉伸	腰背垂直牽拉	腰背旋轉拉伸	2	60 秒
軀幹支柱力量	靜態俯橋	靜態側橋	靜態背（臀）橋	2	30 秒

　　身體功能訓練理論則認為，腰部作為軀幹的一個關鍵環節，應將其放在軀幹力量訓練的整體練習中，尤其是要重點發展腰骶關節的穩定性和臀肌的力量，由提高腰、背肌群的整體用力，提高軀幹支柱的能量傳遞效果。

3. 膝關節矯正訓練方法

　　有效預防膝關節損傷的原則是在做好膝關節肌肉梳理的基礎上，再發展膝關節周圍肌肉的力量。在膝關節損傷預防訓練的動作模式中，幾乎所有的下肢蹬伸動作都可以有效發展膝關節周圍肌肉的力量，矯正訓練應根據隊員的具體問題具體對待（表 5-4）。

　　訓練經驗表明，在實施損傷預防訓練的前期，教練員最好選擇一些低負荷、慢速度、運動軌跡相對單一、穩定的動作模式來進行練習；在訓練的中後期，逐步增加動作的難度和強度，練習形式也由穩定狀態轉變為非穩定狀

態，訓練負荷也隨之加大。

表5-4　膝關節常用矯正訓練方法

訓練內容	練習一	練習二	練習三	組數	次數
筋膜梳理	髖部扳機點按壓	大腿肌群筋膜放鬆	小腿肌群肌筋膜	2	60s
關節肌群柔韌	臀部肌群拉伸	大腿肌群拉伸	小腿肌群拉伸	2	60s
膝關節力量	迷你帶抗阻靜蹲	跳箱單腿下蹲	瑞士球單腿下蹲	3	單腿8次
					靜蹲60s
備註：射擊運動員的膝部損傷多為肌肉緊張、關節間隙變小所致，重點在放鬆。					

第六章

射擊運動員專項力量訓練

運動員的力量訓練按照動作模式分類，介紹了推、拉、旋轉、靜止等動作模式的練習方法。

第一節　上肢力量訓練

一、上肢推動作模式練習

1. 實心球交替俯地挺身

【動作規格】

俯地挺身姿勢，其中一隻手按壓在實心球上，在俯地挺身推起時，將實心球推向另一側手，使實心球從一側手臂傳向另一側手臂的同時將身體推起（圖6-1）。

【訓練要點】

在練習時要保持身體的穩定，保持身體呈一條直線。

【備註】

發展胸肌，肩部和手臂力量。

圖6-1　實心球交替俯地挺身

2. 瑞士球啞鈴臥推

【動作規格】

仰臥於瑞士球上，手臂分別伸展位於胸上方，持握啞鈴，雙腳觸地，髖部提起，膝、臀、上體處於同一平面，緩慢降低啞鈴於胸部兩側，推起啞鈴並重複（圖6-2）。

【訓練要點】

在推舉過程中時刻要保持雙腳觸地，臀大肌要保持收緊狀態，肩部放在瑞士球上，軀幹和大腿保持在同一平面上。

圖6-2　瑞士球啞鈴臥推

【備註】

運用胸肌，肩和手臂的肌肉共同發力。

3. 瑞士球啞鈴交替臥推

【動作規格】

仰臥於瑞士球上，雙臂伸直於胸前舉起啞鈴，先保持一隻手臂處於伸直狀態，另一隻手臂降至肩部外側；練習時，兩臂做交替的屈伸推舉啞鈴動作，重複 8～10 次為一組，練習 4～6 組（圖 6-3）。

【訓練要點】

在推舉過程中時刻要保持雙腳觸地，身體的臀部和肩部在凳上，非用力一側的手臂保持筆直；腹部收緊以保持身體的穩定。

【備註】

勻速推慢放，運用胸肌、肩關節和軀幹的肌肉共同發力。

圖 6-3　瑞士球啞鈴交替臥推

4. 啞鈴交替上舉

【動作規格】

身體直立，雙手持啞鈴於胸前，保持一側啞鈴高舉，另一側啞鈴下落，注意保持身體的穩定（圖 6-4）。

【訓練要點】

保持軀幹的穩定性。

【備註】

發展肩部、手臂三頭肌力量。也可以採用跪姿和半跪姿方式練習，跪姿推練習可以在發展上肢力量的同時發展身體軀幹的穩定性，若是採用半跪姿為動作姿勢更能在練習的同時有效地發展臀大肌和股四頭肌。

圖 6-4　啞鈴交替上舉

5. 半跪姿啞鈴斜上推

【動作規格】

身體呈半跪姿，手持啞鈴屈臂於肩兩側，掌心朝向大腿。上推啞鈴直至雙臂筆直及穩定，緩慢收回啞鈴至起始位置（圖 6－5）。

【訓練要點】

在練習中腹部收緊以保持核心穩定。

【備註】

發展胸大肌上部、肩部和手臂力量。

圖 6－5　半跪姿啞鈴斜上推

6. 半跪姿啞鈴交替斜上推

【動作規格】

雙手持啞鈴半跪姿準備，持啞鈴屈臂於肩兩側，掌心相向。一側手臂斜上推啞鈴，同時另一側手臂收回啞鈴於胸前（圖6－6）。

【訓練要點】

在練習中始終保持臀肌、股四頭肌和腹部收緊，以保持軀幹支柱的穩定。

【備註】

發展臀部、股四頭肌、胸大肌上部、肩、手臂和軀幹力量。

圖6－6　半跪姿啞鈴交替斜上推

7. 啞鈴操

【動作規格】

雙手持啞鈴半蹲準備姿勢，持啞鈴屈臂於肩兩側，掌心向下。雙手臂前平舉、側平舉，上體前傾與地面成45°，手臂做飛鳥動作，各10～15次（圖6－7～圖6－9）。

圖6-7　鍛鍊三角肌前束肌群

圖6-8　鍛鍊三角肌中束肌群

圖6-9　鍛鍊三角肌後束、菱形肌等肌群

【訓練要點】

在練習中手臂勻速抬起，緩慢離心下放，速度要慢。

【備註】

發展三角肌前、中、後束等。

二、上肢拉動作模式練習

射擊運動員上肢拉動作練習，可以提高上肢力量和肩背部力量，是射擊運動員專項發力的主要肌群，應在練習中給予足夠的重視，訓練時與上肢推動作練習內容比例為3：1或4：1。

水平拉動作模式訓練多用於發展運動員的上肢力量和軀幹支柱的穩定性，訓練器械一般採用橡皮帶、懸吊帶和keiser氣阻訓練器等。

1. 站姿 keiser 平拉（或橡皮帶平拉）

【動作規格】

運動基本姿勢準備，雙手握持 keiser 手環（或橡皮帶）於胸前，手臂伸直；練習時雙臂做勻速的向後水平拉動作，拉至身體兩側為止；以 70％～ 80％最大力量連續做 10 ～ 15 次為一組（圖 6－10）。

【訓練要點】

在拉的過程中動作幅度要大，軀幹保持穩定。此練習熟練後，也可要求運動員採用跪姿或採用雙腳（單腳）站在非穩定的平衡盤上，進行全身用力的穩定性力量練習。

【備註】

運用斜方肌、肩和手臂的肌肉共同用力。

圖 6－10 站姿 keiser 平拉

2. 軟墊跪姿斜下拉

【動作規格】

運動員呈半跪姿，雙手直臂握住器械手柄兩端，軀幹保持直立狀態；開始時運動員保持身體和下肢不動，手臂迅速屈肘彎曲向身體方向拉回，至最大位置後保持 2 秒，再恢復至起始姿勢，重複上一次動作。 10～15 次為一組，練習 3～4 組（圖 6－11）。

圖 6－11 軟墊跪姿斜下拉

【訓練要點】

練習過程中保持挺胸直背，腹部收緊，身體不要晃動。

【備註】

發展軀幹上背部、肩關節及軀幹的力量。

3. 坐姿後拉

【動作規格】

運動員呈坐姿，雙手直臂握住器械手柄兩端，軀幹保持直立狀態；開始時運動員保持身體和下肢不動，手臂迅速屈肘彎曲向身體方向拉回，至最大位置後保持 2 秒，再恢復至起始姿勢，重複上一次動作。10～15 次為一組，練習 3～4 組（圖 6－12）。

【訓練要點】

練習過程中保持挺胸直背，腹部收緊，身體不要晃動。

【備註】

發展軀幹後背部、肩關節及軀幹的力量。

圖 6－12　坐姿後拉

4.T杆下拉

【動作規格】

運動員呈坐姿於器械上，軀幹面向器械雙手直臂握住器械手柄兩端，軀幹保持直立狀態；開始時運動員保持身體和下肢不動，手臂迅速屈肘彎曲向身體方向拉回，將手臂拉至軀幹前側，至最大位置後保持2秒，再恢復至起始姿勢，重複上一次動作。10～15次為一組，練習3～4組（圖6－13）。

【訓練要點】

練習過程中保持挺胸直背，腹部收緊，身體不要晃動。

【備註】

發展軀幹後背部、肩關節、手臂的力量。

圖6－13　T杆下拉

5. 助力引體向上

【動作規格】

運動員呈雙腿立姿於器械上，雙手握住器械兩端，軀幹保持直立狀態；開始時運動員保持身體和下肢不動，肩胛骨下迴旋，屈肘將胸部拉向把手，至最大位置後保持 2 秒，再恢復至起始姿勢，重複上一次動作。8～10 次為一組，練習 3～4 組（圖 6－14）。

【訓練要點】

練習過程中保持挺胸直背，腹部收緊，身體不要晃動；在身體下降時手臂儘量伸直。負荷根據個人能力測試和調整。

【備註】

發展軀幹上背部、肩關節及軀幹的力量。

圖 6－14　助力引體向上

6. 變換重心高度的引體向上

【動作規格】

雙手略寬於肩，持握引體向上拉杆。將身體充分拉起後（即下頜超過拉杆水平面，大小臂夾角小於30°）停頓10秒；緊接著降低身體重心高度（即大小臂夾角達到90°）停頓10秒；緊接著再次降低身體重心高度（即大小臂夾角約為145°）停頓10秒，整個作用距離的十分之一併保持10秒。

【備註】

發展背闊肌、肩、手臂力量；練習過程中教練員既可以用附加沙袋、沙衣等器材增加負荷；也可以透過增大兩手之間的握距來達到增加負荷刺激的目的。

圖6-15　槓鈴臥拉

7. 槓鈴臥拉

【動作規格】

將槓鈴杆置於一定高度的練習架上，練習者仰臥於槓鈴杆下，雙手握距與肩同寬、保持直臂握杆姿勢，腳尖勾

起。練習開始時，在保持整個身體正直的條件下，快速地完成將身體拉起的動作；停頓 2～3 秒後，再緩慢地將身體放下到開始姿勢。

以此動作重複 10～15 次為一組（圖 6－15）。

【訓練要點】

練習時保持頭、軀幹、臀、下肢在一條直線上，臀大肌收緊，收腹並保持適度緊張。

【備註】

發展上背部和肩部力量。

8. 懸吊帶臥拉

【動作規格】

雙手分別握住懸吊帶兩個拉環，腳尖勾起、腳跟著地，身體懸空並保持挺直姿勢；依靠背闊肌發力將身體快速拉起，屈拉時保持整個身體的正直和穩定性；停頓 2～3 秒後，再緩慢地將身體放下到開始姿勢。以此動作重複 8～12 次為一組（圖 6－16）。

圖 6－16 懸吊帶臥拉

【訓練要點】

練習時保持頭、軀幹、臀、下肢在一條直線上，臀大肌收緊，收腹並保持適度緊張。

【備註】

發展上背部、肩部力量和身體軀幹力量。

9. 單腿單臂俯姿上提啞鈴

【動作規格】

單腿站立，支撐腿稍彎曲，非支撐腿向後蹬伸呈「燕式平衡」姿勢，支撐腿對側的手握持啞鈴，提起啞鈴時肘關節夾緊於體側，然後緩慢放下啞鈴。以此重複 10～15 次（圖 6－17）。

【訓練要點】

以肩部為軸動員背闊肌發力並保持背部挺直，練習時腹部收緊，腳尖向下、勾起，頭、背、臀、腿和腳保持在一條直線上。

圖 6－17　單腿單臂俯姿上提啞鈴

【備註】

感受背部和肩部用力，發展支撐腿股後肌群的柔韌性，發展平衡性。

10.T/W/Y 字抬臂

【動作規格】

運動員呈俯臥姿，雙臂外展與軀幹形成 T/W/Y 字；雙側肩胛骨向內側向下收緊，雙臂抬起 2～3 公分，保持 3～5 秒；回到起始姿勢，重複上一次動作。10～15 次為一組，練習 3～5 組（圖 6－18～圖 6－20）。

【訓練要點】

練習過程中保持腹部收緊，拇指向上，肩胛骨收緊後抬起手臂。

【備註】

發展肩帶及斜方肌中下部等肌群。

圖 6－18　Y 字抬臂

圖6-19　T字抬臂

圖6-20　W字抬臂

三、上肢靜力動作模式練習

1. 短軸單臂支撐穩定性

【動作規格】

運動員呈站姿，一側手臂彎曲後與地面保持平行狀態之後將槓鈴片放置於彎曲的手臂上方；軀幹保持直立狀態；開始時運動員保持穩定狀態至力竭，練習2～3組（圖6-21）。

圖 6-21　短軸單臂支撐穩定性

【訓練要點】

練習過程中保持挺胸直背，腹部收緊，手臂不要出現上下晃動的狀態。

【備註】

發展肩關節及軀幹的力量。

2. 長軸單臂支撐穩定性

【動作規格】

運動員呈站姿，手臂呈專項持槍姿勢，手持輕質軟碟或小啞鈴，保持專項靜力持槍姿勢至力竭，兩手交替進行，練習 3~4 組（圖 6-22）。

【訓練要點】

練習過程中保持挺胸直背，腹部收緊，手臂不要出現上下晃動的狀態。

【備註】

發展肩關節及軀幹的力量。

圖 6－22　長軸單臂支撐穩定性

3. 側臥單臂持壺鈴靜力支撐

【動作規格】

運動員呈側臥姿，位於上方腿部屈膝屈髖 90°，下方腿部保持伸直狀態；手臂持啞鈴向上伸直與地面保持垂直，60 秒為一組，練習 4～6 組（圖 6－23）。

圖 6－23　側臥單臂持壺鈴靜力支撐

【訓練要點】

練習過程中保持挺胸、手臂伸直，要求在訓練過程中手臂避免出現過分晃動。

【備註】

發展肩部、手臂力量。

4. 坐姿瑞士球單臂持啞鈴靜力支撐

【動作規格】

運動員坐於瑞士球上，雙腳離地，手臂持 5 磅啞鈴保持專項姿勢至力竭，再換手重複上一次動作。2 分鐘為 1組練習 3～4 組（圖 6－24）。

圖 6－24　坐姿瑞士球單臂持啞鈴靜力支撐

【訓練要點】

要求在訓練過程中身體放鬆，呼吸穩健，手臂避免出現過分晃動。

【備註】

發展肩部、手臂力量。

第二節　下肢動作模式

一、下肢推動作模式練習

1. 槓鈴頸前蹲

【動作規格】

站姿,將槓鈴置於頸前緊扣雙肩,肘部彎曲手掌向上,持握槓鈴,臀大肌發力下蹲直至大腿與地面平行,由臀部發力以及腿部蹬地充分蹬起至站立姿勢(圖6-25)。

圖6-25　槓鈴頸前蹲

【訓練要點】

練習過程中保持膝關節不超過腳尖，杜絕出現膝關節內扣動作，注意保持胸部和背部挺直姿態。

【備註】

發展臀大肌、股後肌和股四頭肌。

槓鈴頸後深蹲是發展下肢力量的經典手段，但是在大負荷深蹲練習時，人體腰背部肌肉參與發力，由於腰背部肌肉比臀大肌力量較弱，在此練習中運動員常常出現腰部勞損。相對於在練習時將槓鈴至於頸前，腰部在練習中保持挺直姿態可以有效減少腰椎關節損傷和腰肌勞損。

2. 負重前後分腿蹲

【動作規格】

負重前後分腿站立，或將後腳置於凳或跳箱上，膝關節微屈；由前腿的彎曲降低臀部，同時後腿膝關節不能觸地呈半跪姿，停頓片刻後前腿蹬起還原呈起始姿勢（圖6－26）。

圖6－26　負重前後分腿蹲

【訓練要點】

切勿將前腿的膝關節超過腳尖，膝關節向前運動時切勿出現外展或是內扣動作；以舒適的方式將腳尖或腳背置於臥推凳或跳箱上。

【備註】

發展前支撐腿的臀大肌、股後肌和股四頭肌力量。

3. 側向分腿蹲

【動作規格】

一條腿站立在地面上，另一條腿置於跳箱上；然後將重心置於支撐腿上，腳尖和膝關節保持向前，下蹲時膝關節不要超過腳尖，下蹲至大腿與地面平行位置即可。下蹲的同時懸吊腿保持直腿向側方向滑動，最後支撐腿蹬地站起，還原成預備姿勢（圖6-27）。

【訓練要點】

下蹲時要注意動員臀大肌發力，在練習過程中保持挺胸、收腹，同時保持背部的挺直。

圖6-27　側向分腿蹲

圖 6－27　側向分腿蹲

【備註】

發展支撐腿的臀大肌和股四頭肌力量；發展外側腿的髖關節柔韌性。

4. 負重深蹲

【動作規格】

運動員呈直立姿勢，雙腳開立略寬於肩，雙手握住槓鈴片放於體前；開始時身體前傾臀大肌收緊並呈半蹲姿勢，膝關節不超過腳尖垂直面，兩腳尖向前，軀幹保持挺直姿勢、稍收腹，軀幹與小腿基本保持平行；回到起始姿勢，重複上一次動作。15～30次為一組，練習3～4組（圖6－28）。

【訓練要點】

練習過程中保持背部平直，腹部收緊，運動過程中避免出現膝關節超過腳尖現象。

【備註】

發展腿部、軀幹及肩部力量。

圖6－28　負重深蹲

二、下肢拉動作模式練習

1. 槓鈴硬拉

【動作規格】

以基本準備姿勢雙手持握槓鈴於膝關節下端，蹬地、伸髖，雙臂保持直臂；還原成準備姿勢並重複（圖6－29）。

【訓練要點】

練習時一定要注意保持腰背挺直，挺胸直臂可以有效地預防運動損傷；要求臀部發力，切勿用腰部力量提拉槓鈴。

【備註】

發展臀部力量、腿部後群力量和全身協調用力。

圖 6－29　槓鈴硬拉

2. 羅馬尼亞硬拉

【動作規格】

單腿站立，另一側手臂握持槓鈴或啞鈴，髖部稍彎曲，放下槓鈴或啞鈴等器械時，非支撐腿保持直腿姿勢並向後提起；透過臀肌的收緊和上體直體抬起還原成起始姿勢（圖 6－30）。

【訓練要點】

保持背部挺直以及臀部肌肉緊張，非支撐腿腳尖向下；練習過程中上體和腿部必須同步移動，前傾時由非支

圖 6－30　羅馬尼亞硬拉

撐腿的蹬伸動作來動員臀部肌群共同參與運動。

【備註】

發展臀肌、股後肌和腰背肌群力量。

3. 瑞士球仰臥屈腿

【動作規格】

仰臥於地面，肩部著地，後腳跟置於瑞士球上，髖關節向上挺起並使肩、髖、膝關節處於同一平面。屈膝回拉瑞士球時，要注意臀大肌保持收緊，屈膝拉球動作要有爆發力，動作要流暢、連貫、快速。重複 8～10 次為一組（圖 6－31）。

【訓練要點】

臀大肌始終保持收緊狀態，屈拉時要注意充分頂髖，不能出現臀部下沉動作。

圖6－31　瑞士球仰臥屈腿

【備註】

發展臀部和股後肌群力量。

4. 腳踝外展——彈力帶

【動作規格】

坐姿，將彈力帶繫於腳踝；用墊盤墊於小腿以使腳踝懸空，僅用腳踝力量使腳做外展動作，回到起始姿勢並重複（圖6－32）。

【訓練要點】

僅用腳踝發力，杜絕產生腿部和臀部的代償動作。

【備註】注意小腿和腳踝的協調。

圖 6－32　腳踝外展——彈力帶

5. 腳踝內收——彈力帶

【動作規格】

坐姿，兩腿交叉，將彈力帶繫於腳踝；用墊盤墊於小腿以使腳踝懸空，一腳固定，另一腳踝力量使腳踝內收，回到初始姿勢並重複（圖 6－33）。

【訓練要點】

杜絕產生腿部和臀部的代償動作。

【備註】

注意小腿和腳踝的協調。

圖 6-33　腳踝內收──彈力帶

三、下肢靜力動作模式練習

1. 站立穩定性

【動作規格】

運動員呈兩腿直立姿勢，一側腳背上放置啞鈴；開始時運動員保持穩定狀態，60～90 秒為一組，如果穩定性好，可以採用閉眼練習，練習 3～4 組（圖 6-34）。

【訓練要點】

練習過程中身體穩定，減少身體晃動。

【備註】

發展站立穩定性。

2. 單腿站立接球穩定性練習

【動作規格】

運動員呈單腿站立姿勢，雙手放於身體兩側保持平衡；開始時輔助者將網球無規則地拋給運動員，保持穩定

狀態至要求時間，交替另一側腿保持相同練習動作。60～
90 秒為一組，練習 3～4 組（圖 6-35）。

【訓練要點】

練習過程中保持挺胸直背，腹部收緊，身體不要晃
動。

【備註】

鍛鍊下肢穩定性。

圖 6-34　站立穩定性

圖 6-35　單腿站立接球穩定性練習

第三節　軀幹動作模式

一、動態核心力量訓練

1. 仰臥起坐

【動作規格】

屈膝，雙手直臂在胸前，半程捲腹，保持背部貼著地面，手觸膝蓋。可以按次數或時間調整負荷強度（圖6－36）。

圖6－36　仰臥起坐①

圖6－36　仰臥起坐②

【訓練要點】

腰部不要離開地面，意識集中在腹部，不要用頸肩部代償發力。

【備註】

發展上腹部力量。

2. 瑞士球仰臥起坐

【動作規格】

屈膝，雙手交叉於腦後，半程捲腹，保持背部貼著瑞士球。可以按次數或時間調整負荷強度（圖6-37）。

圖6-37　瑞士球仰臥起坐①

圖6-37　瑞士球仰臥起坐②

【訓練要點】

離心下放速度要慢，腹肌全範圍伸展。進階時可以加入旋起動作。

【備註】

發展上腹部力量。

3. 俄羅斯轉體

【動作規格】

坐姿，手交叉，提膝，腳離地，空中回轉，左肘部接觸右膝，右肘部接觸左膝，做到力竭，注意過程中，一直保持腳面離地。可以按次數或時間調整負荷強度（圖6-38）。

圖6-38　俄羅斯轉體

速度要慢，手中可以握適量負荷。

【備註】

發展腹內外斜肌、腹橫肌，肋間肌力量。

4. 器械背起

【動作規格】

運動員呈俯臥姿於器械上，雙手交叉於胸前，軀幹保持直立狀態1～2秒；然後軀幹部向器械下方移動，至最大位置後保持再恢復至起始姿勢，重複上一次動作。可以按次數或時間調整負荷強度（圖6－39）。

【訓練要點】

練習過程中保持背部平直，頭部位置始終保持在正確姿勢，運動過程中避免出現弓背及脊柱過伸現象。

【備註】

發展軀幹後背部力量。

圖6－39 器械背起

5. 器械側起

【動作規格】

運動員呈側臥姿於器械上，雙手交叉於胸前，軀幹保持直立狀態1～2秒鐘；開始時運動員軀幹部向器械下方移動，至最大位置後再恢復至起始姿勢，重複上一次動作。可以按次數或時間調整負荷強度（圖6－40）。

【訓練要點】

練習過程中保持背部平直，頭部位置始終保持在正確姿勢，運動過程中避免頭部過分側屈現象。

【備註】

發展核心兩側力量。

圖6－40　器械側起

6. 瑞士球背起

【動作規格】

運動員呈俯臥姿於瑞士球上，將瑞士球置於胸部下方，雙手相握背於頸部後側，軀幹保持直立狀態1～2秒；然後軀幹部向器械下方移動，至最大位置後保持再恢復至起始姿勢，重複上一次動作。可以按次數或時間調整負荷強度（圖6-41）。

【訓練要點】

練習過程中保持背部平直，頭部位置始終保持在正確姿勢，運動過程中避免出現弓背及脊柱過伸現象。進階時可以加入旋起動作。

①

②

圖6-41　瑞士球背起

【備註】

發展軀幹後背部力量。

7. 仰臥分／提腿

【動作規格】

仰臥起始姿勢，手部托頸部抬離地面，腿部做分腿或提腿動作，分腿時盡可能打開，然後閉合。提腿時腰部不要離開地面，離心下放速度要慢。可以按次數或時間調整負荷強度（圖 6-42）。

【訓練要點】

盡量讓腰部不要離開地面，可以先做髂腰肌伸展練習，再進行該項訓練，避免對腰椎的過度牽扯。

【備註】

發展下腹肌，髖部肌群力量。

圖 6-42　仰臥分／提腿

8. 對側交叉

【動作規格】

仰臥起始姿勢，手部托頸部抬離地面，腿部做交替蹬腿動作，身體配合腿部做對角線觸碰。可以按次數或時間調整負荷強度（圖 6-43）。

【訓練要點】

下放時腿部與身體都不著地，緩慢離心下放。

【備註】

發展全腹部肌群力量。

圖 6-43　對側交叉

9. 四點撐超人

【動作規格】

俯臥為四點撐，手拇指向上，腳尖向下，對角線做超人姿勢。可以按次數或時間調整負荷強度（圖 6－44）。

【訓練要點】

動作速度要慢，肘要碰到膝蓋，身體減少晃動。

【備註】

發展腰背部對角線力量。

圖 6－44　四點撐超人

10. 瑞士球超人

【動作規格】

俯臥於瑞士球上，雙手朝前自然平伸，盡可能地抬高右腿和左臂，頂點處保持 3 秒，緩慢放下，然後相同姿勢，抬左腿和右臂。可以按次數或時間調整負荷強度（圖 6－45）。

圖 6－45　瑞士球超人

【訓練要點】

整個過程中保持軀幹貼著地面，頭微微抬起，平衡整個身體。

【備註】

發展腰背部對角線力量。

11. 腹肌輪

【動作規格】

運動員呈兩腿跪姿，雙手握緊腹肌輪兩側；雙腳腳尖蹬地，上體緩慢向前推進，眼睛向前平視，軀幹保持穩定，腹部緊張，避免左右晃動，慢推快收，以呼氣為主；回到起始姿勢，重複上一次動作。可以按次數或時間調整負荷強度（圖 6－46）。

【訓練要點】

練習過程中保持背部平直，腹部收緊，避免出現憋氣現象。

圖6-46　腹肌輪

【備註】

發展腹背肌，肩部、手腕、手臂力量。

12. 腹肌揉球

【動作規格】

運動員呈俯臥姿，雙腳與肩同寬，雙臂屈肘90°放於瑞士球上；雙膝伸直保持背部呈一條直線，雙肘撐起瑞士球並做順時針方向轉動；回到起始姿勢，重複上一次動作。可以按次數或時間調整負荷強度（圖6-47）。

圖6-47　腹肌揉球

練習過程中保持背部平直，腹部收緊，避免出現憋氣現象。

【備註】

發展軀幹及肩帶肌群。

13. 迷你帶蚌式抬腿

【動作規格】

左側臥，左手支頭，迷你帶繫於膝關節上方，屈髖90°，屈膝至腳跟、臀部、肩於一條直線，盡可能高地外展外旋右腿，身體保持在一個立面上，最高點保持 2 秒，回落，做到力竭，然後換右側，動作相同（圖 6－48）。

圖 6－48　迷你帶蚌式抬腿①

圖 6－48　迷你帶蚌式抬腿②

【訓練要點】

動作速度要慢，意識集中在臀部外側，身體減少晃動。

【備註】

發展臀部、腹斜肌力量。

14. 頸部體操

【動作規格】

仰臥在平板上，將頭伸出，上下活動，就像是在點頭；將頭往兩側的肩膀靠，在中間處稍作停留；將頭轉向兩側看，在中間處稍作停留。俯臥在平板上，頭部伸出，將手交叉放到腦後，做點頭的動作。

【訓練要點】

動作速度要慢，如果頸部力量不足，可從站立位小負荷彈力帶開始抗阻練習。

【備註】

發展頸部肌群力量。

二、靜態核心力量訓練

1. 俯橋（Pillar Bridge - Front）

【動作規格】

俯臥於體操墊上，兩腿併攏腳尖向下，兩肘彎曲置於墊子上，身體成俯臥支撐狀態，臀大肌保持收緊。同時，頸椎、脊柱、髖、膝、踝關節始終保持在一條直線上。

【動作要領】

臀大肌始終保持收緊狀態，不要出現低頭或抬頭動作。一旦出現身體顫動，教練員要及時停止該練習，避免出現肌肉代償動作。

【進階練習】

當上述動作能夠達到 30 秒以上穩定姿態後，可以適當地使用一些自由重量器械，以便增大負荷刺激的強度。同時，也可以採用雙臂——單腿支撐、雙腿——單臂支撐單腿－單臂支撐或利用瑞士球或懸吊帶等多種形式，增加動作練習的難度，增大負荷刺激的強度（圖 6－49）。

圖 6－49　俯橋及其進階練習

2. 側橋 (Pillar Bridge - Lateral)

【動作規格】

單臂手肘支撐，要求踝、髖、肩在一條直線上，不能出現低頭、含胸、屈髖等錯誤動作。同時，運動員要注意保持腹背部肌肉收緊，注意勾起腳尖（圖 6－50）。

【動作要領】

動作過程中不能出現屈髖現象，臀大肌始終保持收緊狀態。

【進階練習】

當上述動作能夠達到40秒以上穩定姿態後，可以適當地使用一些自由重量器械，以增大負荷刺激的強度。同時，也可以採用增加動作難度的方法，增大負荷刺激的強度。

圖 6－50　側橋及其進階練習

3. 臀橋（Glute Bridge）

【動作規格】

腳跟支撐，腳尖勾起，肩部著地，髖部向上頂起，軀幹與大腿保持在一條直線上，臀肌和腹肌收緊，兩臂自然地置於身體兩側（圖6－51）。

【動作要領】

勾腳尖，軀幹與大腿保持在一條直線上，臀大肌收緊。

【進階練習】

當上述動作能夠達到60秒以上穩定姿態後，可以適當地使用一些自由重量器械，以增大負荷刺激的強度。同時，也可以使用實心球、瑞士球、懸吊帶等非穩定器械，增加動作練習的難度，增大負荷刺激的強度。

圖6－51 臀橋及其進階練習

第四節　全身動作模式

　　透過全身動作模式練習，增加人體本身抗旋轉的能力，可以有效發展身體控制能力和平衡能力，為射擊運動員的身體穩定性打基礎。

一、半跪姿上提／劈砍

【動作規格】

　　身體側向器械，兩腿前後分開呈半跪姿勢，前後支撐腿的大小腿夾角均為 90° 左右，外側手握住氣動阻力系統練習棒的末端。

　　練習開始時，軀幹正直，臀大肌收緊，肩關節和軀幹旋轉的同時，外側手臂從胸前快速下拉練習棒把手，然後內側手臂快速向外、向下推出練習棒，身體姿態保持穩定；還原成起始姿勢後，再重複上一次動作。10～15 次為一組，練習 4～6 組。

圖 6－52　半跪姿劈砍動作

圖6-53　半跪姿上提動作

【訓練要點】

　　練習過程中保持挺胸、收腹，要求軀幹和髖關節充分地旋轉並適當地停頓。

【備註】

　　發展肩部、肱三頭肌、臀部、腹部力量。

二、瑞士球軀幹轉體

【動作規格】

　　雙腳置於地面，髖部提起，大腿與髖、軀幹保持在一條直線上，手持重物仰臥於瑞士球上，臀部和背部觸於瑞士球，手持重物豎直向上舉起。

　　練習開始時，兩臂伸直向一側轉體至肩部與地面垂直後，還原成起始姿勢。稍停頓1～2秒後，再重複上一次動作。10～15次為一組，練習4～6組（圖6-54）。

【訓練要點】

　　練習時盡力動員腹內外斜肌，控制好瑞士球轉動範圍，動作幅度不宜過大，轉體至最大幅度時，略微停頓。

圖6-54　瑞士球軀幹轉體

【備註】

發展腹部肌群的旋轉力量。

三、懸吊帶轉體

【動作規格】

　　將懸吊帶合併成一股；直臂雙手合璧持握懸吊帶於胸前，成站姿且身體稍向後仰，雙腳著地，腳尖向前；直臂轉體將向後傾斜的身體拉起的同時上體轉向一側，肩部轉向角度為90°。還原成開始姿勢後再轉向另一側。5～6次為一組，練習4～6組（圖6-55）。

圖6-55　懸吊帶轉體

【訓練要點】

練習過程中要保持身體成一條直線，轉動過程中始終保持直臂。

【備註】

發展腹肌的旋轉練習。

四、土耳其起身

【動作規格】

運動員呈仰臥姿，左腿伸直，右腿屈膝約成 90° 夾角，腳後跟於地面；左手直握啞鈴於胸部上方，手臂伸直且垂直於地面，右臂置於地面與身體約成 45° 夾角，掌心朝下；雙眼直視啞鈴；上身按照左肩、右肩、腰背的順序快速挺起離地，以右前臂撐起身體；上身挺起，挺胸直背，右手伸直撐地；左腿及臀部用力，右側髖向上抬起，右手支撐地面，使身體從頭至右腳踝呈一條直線；右腿向後移動單膝跪地，使右膝、踝與右手在一條直線上；身體挺直，身體呈半跪姿；站起成直立姿基本站位，目視前方；恢復至起始姿勢，再重複上一次動作。6～8 次為一組，練習 4～6 組（圖 6－56）。

【訓練要點】

　練習過程中保持挺胸、手臂伸直，要求軀幹和髖關節充分地伸展並適當地停頓。

【備註】

　發展肩部、臀部、腹部力量。

圖 6－56　土耳其起身

五、三點半跪姿

【動作規格】

運動員呈半跪姿，膝關節著地時髖關節保持平直狀態，另一側腿膝關節不超過腳尖，雙手合十與地面平行；保持雙側腳與膝關節成一條線；開始時運動員保持穩定狀態至要求時間，重複上一次動作。60～90 秒為一組，練習 3～4 組（圖 6－57）。

【訓練要點】

練習過程中保持挺胸、手臂伸直，要求在訓練過程中手臂避免出現過分晃動。

【備註】

發展肩部、手臂力量。

圖 6－57　三點半跪姿

六、變換體位的呼吸練習

【動作規格】

運動員呈仰臥姿，保持屈膝屈髖狀態，雙手放置於肋骨下部；開始時運動員透過吸氣鼓肚，呼氣肚子下降，同時保持胸部穩定不上下起伏至最大位置後保持 2 秒再恢復至起始姿勢，重複上一次動作。3 分鐘為一組，練習 3～4 組。

【訓練要點】

練習過程中保持身體直立姿勢，感受膈式呼吸左右擴張的感覺，身體不要晃動。可以施行俯臥跪姿——仰臥——坐立——站立進行進階。

【備註】

發展膈肌的力量。

射擊運動員 身體運動功能訓練

第七章

射擊運動員能量系統訓練

第一節　射擊運動員的能量系統需求

根據廣東隊射擊教練劉曉東對廣東省射擊運動員的心率測試結果（表7-1），發現所測試的8名運動員的心率隨負荷強度的增加呈上升趨勢，強度越大，心率越快。其中，比賽平均心率分別比考核和訓練的平均心率增加10次／分鐘和25次／分鐘，比賽最高心率分別比考核和訓練的高心率增加9次／分鐘和31次／分鐘。

運動員比賽心理負荷加大，便會引起身心較強的應激反應。

表7-1　運動員心率測試表

類別		心率（次／分鐘）								平均值	標準差
		1	2	3	4	5	6	7	8		
訓練	平均數	94	92	91	115	102	73	80	89	92	12.6
	最高值	110	106	104	133	122	97	105	102	110	11.8
考核	平均數	113	128	117	136	115	77	79	90	107	22.2
	最高值	133	144	131	153	129	120	122	125	132	11.3
比賽	平均數	119	108	116	146	131	96	108	110	117	15.6
	最高值	138	124	128	164	143	136	115	148	141	12.4

注：表中1～8為運動員編號。

射擊屬於心技能主導項目，心理變化是引起運動員生理機能發生變化的主要原因，比賽時運動員心理壓力增加，隨之產生緊張、焦慮、擔憂、恐懼、急躁等不良情緒。尤其是在比賽的關鍵發時，運動員子彈上膛 那間的想法，都會瞬間改變運動員的賽時心率，影響運動員的瞄

扣協調性，最終影響比賽結果。

因此，在缺乏比賽機會的情況下，技術訓練時可多安排考核或提高考核的標準和難度，改變環境條件、考核氛圍、目標要求等客觀因素，以提高運動員的興奮程度和完成技術動作的專注程度。

在體能訓練中，也應注意改善運動員在高心率下的本體感覺控制能力，將有氧練習、混氧練習和身體穩定性練習結合使用，加深運動員的生理感受和動作感覺，提高其比賽的適應能力。

第二節　訓練方法與負荷

一、有氧訓練法

1. 長跑

(1) 跑步姿勢

第一，高跑姿。跑步時帶有目的性，讓你的軀幹、頸部和頭保持一條直線，盡可能地讓頭部挺拔向上，你會感到腹部有緊實感，幫助你支撐軀幹。

第二，抬高雙腳。注意力集中在將腳與地面的反彈力傳導至臀部上，讓臀部作原動機週期性發力，而不是只依靠腳發力。

(2) 運動負荷

保持心率（220－年齡）×70％～85％，準備活動15分鐘，跑步40分鐘以上，再生與恢復15分鐘。

2. 游泳

變化游泳姿勢，如蛙式、自由式前行，仰式緩衝休息，堅持游泳 40 分鐘以上。

3. 功率自行車

(1) 自行車設置

車座高度：

讓運動員騎在車上，腳後跟蹬著踏板，向後踩踏板調節座位高度，讓膝關節充分得到伸展時，臀部位置保持不變。

車座前後位置：

當踏板與地面平行時，保持小腿垂直於地面，膝關節和手握柄平行，不會碰到前面。

手握柄高度：

對於業餘訓練或者休閒的選手，將手柄的高度與車座高度相平即可。如果你有後背或頸部疼痛的歷史，你可能要提高手握柄的高度。如果你想更有挑戰性，你可以降低握柄高度，進入更加動態有氧的位置。你要記住的是，握柄高度越低，對柔韌性的要求越高。

(2) 運動負荷

第一，可以按照功率自行車自身設置中有氧強度練習或心血管強度練習進行，準備活動 15 分鐘，騎行 40 分鐘以上，再生與恢復 15 分鐘。

第二，根據自身情況調節運動強度，保持心率（220 － 年齡）×70％～ 85％，準備活動 15 分鐘，騎行 40 分鐘

以上，再生與恢復 15 分鐘。

二、混氧訓練法

1. 50 公尺間歇跑

用兩個標注物設置 50 公尺場地，以 30 秒為週期，聽到口令後，運動員完成 50 公尺快速跑，然後原地休息。第 30 秒，聽第二次口令，運動員快速跑回原點休息。

第 60 秒第三次口令，運動員完成 50 公尺快速跑，然後第 90 秒、第 120 秒……週而復始，10 次 1 組，累計路程 500 公尺。

運動員在第 3 組後，即時心率可以達到 180 次／分，此時，組間可以進行上文的穩定性練習，如單腿支撐閉眼站立，練習運動員在高心率下的身體本體感覺能力。

根據運動員訓練年齡、身體素質等實際情況，進行 5～8 組。

2. 400 公尺跑道變速跑

運動員在直線完成衝刺跑，在彎道放鬆跑，累計完成 10 次直線衝刺跑。

3. 跑步機或功率自行車變速

熱身後根據運動員情況設置高心率與低心率的運動時間比，例如 1 分鐘（220 －年齡）×80%～90%，接 4 分鐘（220 －年齡）×60%～70%，5 分鐘 1 個循環，堅持 6 個循環以上，根據能力，逐步提高高心率與低心率的運

動時間比例，如從上述 1：4 逐漸提高強度到 1：3、1：2，根據運動員身體能力直至 1：1。

4. 游泳變速

如在 25 公尺池的練習中，四趟快，四趟慢，二趟快，二趟慢；一趟快，一趟慢；然後又返回去：一趟快，一趟慢；二趟快，二趟慢；四趟快，四趟慢，如此類推。

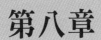

第八章

射擊運動員的
體能訓練設計

第一節　射擊運動員的身體功能訓練實施

一、訓練思路

射擊運動員的體能訓練有其自身的特點，訓練強度過大，影響運動員的肌肉本體感覺，尤其對於步槍運動員的槍支穩定性影響很大。因此，力量訓練時要注意控制運動員的運動負荷強度。

在訓練內容安排順序方面，教練員首先是應對運動員關節靈活性與穩定性、專項肌肉能力進行測試，在確定運動功能障礙的前提下，透過採取一系列矯正練習，進一步提高各種動作模式訓練的品質和穩定性，幫助運動員逐步建立與專項技術動作相符的正確發力順序和動作軌跡，提高動力鏈傳遞的效能，減少肌肉代償和動作代償，在此基礎上再進行專項體能訓練。

二、訓練內容

射擊項目國際賽事和國家隊選拔、考核賽事密集，通常在冬訓階段的體能訓練週期為 10～12 週，賽季期的體能訓練週期為 4～6 週。

因此，射擊隊的身體功能訓練安排通常以週為單位，練 3 週調 1 週。透過監控運動員的體能指標，不斷改善訓練內容與方法手段，充分體現個性化訓練。

國家射擊隊常規周訓練內容如下：

1. 步槍週訓練內容

表8-1　步槍週訓練內容表

	星期一	星期二	星期三	星期四	星期五	星期六
內容	長跑或功率自行車4～5公里或40分鐘以上再生恢復	動態核心力量上肢矯正臀腿力量再生恢復	變速跑或功率自行車20～30分鐘再生恢複	靜態核心力量上肢矯正臀腿力量再生恢復	變速跑或功率自行車20～30分鐘再生恢復	長跑5～6公里再生恢復
備註：週二、週四所有運動員集體大課，其他時間運動員根據自身情況進行軀幹力量訓練。							

2. 手槍週訓練內容

表8-2　手槍週訓練內容表

	星期一	星期二	星期三	星期四	星期五	星期六
內容	上肢力量軀幹力量下肢力量再生恢復	長跑或功率自行車4～5公里或40分鐘以上再生恢復	軀幹力量下肢力量再生恢復	變速跑或功率自行車20～30分鐘再生恢復	上肢力量軀幹力量下肢力量再生恢復	長跑5～6公里再生恢復
備註：女子運動員每週2次上肢力量，男子運動員根據自身情況會加練1次。							

第二節　射擊運動員的
身體功能訓練原則

一、專項性原則（Specificity）

訓練計畫的制訂必須滿足專項需求；運動項目具有自己的特點，對運動能力的需求也不相同，在制訂訓練計畫時，練習的內容要盡可能地貼近實際運動情況。

例如，手槍運動員相較步槍運動員的上肢力量與穩定性需求高，另外，步槍運動員軀幹發力多為正 S 形彎，手槍運動員軀幹發力多為反 S 形彎，因此，體能訓練時應有區別性的開展矯正訓練。

二、漸進性原則（Progression）

訓練量和訓練強度在一個完整的訓練週期中要保持持續增加。只有保持負荷不斷增加，才能保持身體能力不斷地提高，形成更高水準的適應能力。如果總是保持訓練計畫不變，那麼在運動員對計畫產生適應以後，繼續進行同樣的訓練將不會對運動員身體形成刺激，能力的增長將出現平臺現象，停滯不前。

在整個計畫執行過程中，應結合運動員在技術訓練時的本體感覺，不影響運動員的技術動作發揮。

三、超負荷原則（Overload）

這條原則決定你究竟應該進行多大負荷的練習。訓練

負荷強度要大於運動員所能適應的強度。在訓練中，制定的負荷總是要略高於運動員所能完成的強度，這樣才能刺激機體去適應更高的負荷，如果總是能夠完成計畫的負荷強度，說明計畫制定的負荷偏低，不足以最大限度地刺激機體向更高的水準發展。

以過輕的負荷進行訓練是毫無意義的。超負荷原則是所有訓練原則中最重要的一條。

第三節　射擊運動員的身體功能訓練流程

在遵循上述一般性原則的基礎上，制訂訓練計畫需要分三個步驟完成。

一、初始診斷訓練

透過 FMS、SFMA、專項體能測試等手段，初步評價運動員的關節靈活性與穩定性，肌肉力量、耐力等素質，發現運動員目前存在的不足，為制訂有效的訓練計畫提供依據。透過初始診斷，可以確定練習的內容、訓練要達到的目標。初始診斷分兩項：

第一，評估運動項目的需求、項目的專項特點：
（1）技術動作分析——肢體運動情況及運動所涉及的肌肉；
（2）生理學分析——運動所需的能量代謝系統，爆發

力——力量——耐力需要不同的供能系統維持運動；

（3）傷病分析——運動項目常見的關節、肌肉損傷類型、損傷發生的機理，此外，還要注意性別差異，女運動員比男性損傷的幾率更高。

舉例說明：手槍和步槍不同。

上肢運動方式——手槍運動員單臂支撐，週期性重複單一動作模式；步槍運動員上肢在皮具的協助下靜力支撐。

軀幹運動情況——手槍運動員髖關節左下傾、右後旋，脊柱多為S形；步槍運動員髖關節右下傾、左後旋，脊柱多為反S形。

運動時間長度——射擊運動員每槍15秒左右，但是步槍運動員的三姿比賽時間最長，男子三姿耗時長達3個多小時，對運動員的精力要求較高。

傷病發生部位——腰背部、肩部、頸部是射擊運動員傷病的共通部位，但是由於步槍運動員普遍力量弱，肌肉包裹少，頸部、肩部和腰部勞損較手槍運動員多。

第二，評估運動員當前運動能力：

（1）訓練歷史——透過訓練史分析，可以評估運動員進行力量練習的技巧；包括進行力量訓練的年限、訓練種類、訓練長度、訓練強度和練習的技巧（負重練習動作準確性、技巧性）。

（2）功能動作篩查測試：FMS、SFMA、Y-BLANCE等。

（3）專項身體能力測試：專項持槍時間、八級俯橋、

核心靜力力量測試、單腿站立穩定性、臺階實驗。

上述測試既可以在實驗室進行，也可以在運動場上進行。

相比較而言，在運動場上進行的測試比在實驗室裡進行更有效，也更為教練員所喜愛。

二、訓練計畫設計

第一，練習內容及順序：

（1）**動作準備練習**——軟組織啟動、軀幹啟動、動態拉伸、神經啟動；

（2）**多維度動態力量練習**——包含大肌肉群的多關節力量練習，這種練習一定是多關節運動，如俯地挺身、引體向上、深蹲、瑞士球後拉、土耳其起等；

（3）**單維度動態力量練習**——小肌肉群、單關節練習單關節運動，如啞鈴操、彈力帶肩袖旋轉、T/Y/W抬臂練習等；

（4）**靜態力量練習**——上肢短軸靜態練習、上肢長軸靜態練習、側臥單臂靜力撐等；

（5）**能量系統訓練練習**——有氧練習、混氧練習，注意高心率下結合穩定性訓練；

（6）**再生恢復訓練練習**——扳機點按壓、泡沫軸滾壓、矯正練習、拉伸放鬆。

練習順序為（1）→（6）依次進行。

第二，訓練目標：

(1) 力量——最大力量（速射）；

(2) 肌肉肥大——增加肌肉體積（手槍）；

(3) 肌肉耐力——多重複次數。

第三，訓練頻率：

訓練的頻率指每週進行力量訓練的次數。

訓練頻率與運動員的訓練水準有關：低水準運動員、新手一週最多2～3次，高水準運動員可以安排5～6次。

根據訓練目標，按以下頻率安排：

發展力量 3～4 次／週

肌肉肥大 4～5 次／週

發展耐力 5～6 次／週

在一個訓練週期中，這3種頻率按從小到大的強度順序進行：耐力——肥大——力量，原則上賽前兩週安排耐力訓練，一週時間作為運動員恢復期，以使運動員達到最佳競技狀態進行比賽。

第四，訓練的負荷強度：

力量訓練所要完成的負荷重量。強度是訓練計畫的核心。訓練強度用占最大力量（1RM）的百分比來表示。1RM 表示人體僅能完成一次的負荷重量。最大力量是在第一步需求分析中的測試中得到的，不完成前面所提到的測試，就不可能知道最大力量，也就無法制定合理的負荷安排。一般射擊運動員不進行最大力量測試，可用 5RM 左右

力量推算 1RM 重量。

　　制定負荷以占最大力量（1RM）的百分比表示，射擊運動員的不同的訓練目標有不同的負荷：

　　最大力量訓練 85% ～ 95%

　　肌肉肥大訓練 75% ～ 85%

　　肌肉耐力訓練 40% ～ 60%

　　舉例：負荷安排，以冬訓期 3 個月的訓練週期為例，每月四週，每月進行 2 週耐力—— 1 週肥大—— 1 週力量，每月遞增負荷（增多次數或略提高強度，射擊運動員的力量訓練負荷強度要根據運動員具體情況，保持在一定區間內），訓練的頻率與負荷強度呈負相關：頻率增加，負荷降低；頻率降低，負荷增加。

　　第五，訓練量：

　　訓練量包括練習的次數和組數。訓練量與負荷強度呈負相關。

　　根據訓練目標：

　　最大力量訓練 3 ～ 5 組，2 ～ 5 次

　　肌肉肥大訓練 4 ～ 6 組，6 ～ 12 次

　　肌肉耐力訓練 2 ～ 3 組，＞ 20 次

　　第六，間歇時間：

　　間歇指各組之間的間歇時間。

　　間歇時間主要取決於力量訓練的目標：（括弧內為訓練時間與間歇時間比例，與絕對時間可以結合實際情況應

用）

力量訓練 2～3 分鐘（1：3）
肌肉肥大訓練 30～90 秒（1：2）
肌肉耐力訓練＜30 秒（1：1）
調整和遞增計畫中的調整為恢復提供了時間。

三、訓練效果評估

在制訂計畫時安排調整階段，練 3 週調 1 週就形成了一個訓練小週期，在調整期可以對運動員的部分體能指標進行測試，評估計畫對運動員的改善效果。當運動員完成計畫的負荷並有所提高時，繼續增加強度或運動量，但射擊運動員，尤其是步槍運動員的訓練強度應保持在不影響專項用力感覺的合理範圍內。

參考文獻

(1)Boyle M. Advance in Functional Training[M]. Champaign IL：Human Kinetics, 2010.

(2)Cook, G. Baseline Sports-Fitness Testing. In：B. Foran, ed. High Performance Sports Conditioning[M].Chicago：Human Kinetics Champaign, 2001：1-13.

(3)POP MH, PAN JABIM. Biomechanical definitions of spinal instability[J]. Spine, 1985, 10：255-259.

(4)Ken Kinakin optimal muscle training[M]. Human Kinetics, 2008：8-14.

(5)Putnam CA. Sequential motions of body segments in striking and throwing skills[J]. J Biomech, 1993, 26：125-135.

(6)Ken Kinakin optimal muscle training[M]. Chicago：Human Kinetics, 2008：32-51.

(7)Cook, G. Baseline Sports-Fitness Testing. In：B. Foran, ed. High Performance Sports Conditioning[M].Chicago：Human Kinetics, Champaign, 2001.1-13.

(8)Nichols TR. A biomechanical perspective on spinal mechanisms of coordinated muscle activation[J].Acta Anat Basel, 1994, 151 (1)：87-90.

(9)Bergmark A. Stability of the lumbar spine：a study in mechanical engineering[J]. Acta Orthop Scand Suppl, 1989, 230：

1-54.

(10)Gate G. Complete Conditioning for Soccer[M]. Chicago ： Human Kinetics, 2008 ： 79-129.

(11)Cresswell AG, Oddsson L, Thorstensson A. The influence of sudden perturbations on trunk muscle activity and intra-abdominal pressure while standing[J]. Exp Brain Res 1994, 98 (2)： 36-41.

(12)James C. Radcliffe. Functional training for athletes at all levels.[M]. Berkeley ： Ulysses Press, 1992 ： 39-70.

(13)Steffen R, Nolte LP, Pingel TH. Importance of back muscles in rehabilitation of postoperative lumbar instability ： a biomechanical analysis[J]. Rehabi -litation（Stuttg）, 1994, 33 ： 164-70.

(14)Wilke HJ, Wolf S, Claes LE, et al. Stability increase of the lumbar spine with different muscle groups ： a biome chanical in vitro study[J]. Spine, 1995, 20 ： 192-198.

(15)Oddsson LI. Control of voluntary trunk movements in man ： mechanisms for postural equilibrium during standing[J]. Acta Physiol Scand Suppl, 1990, 595 ： 1-60.

(16)McGill SM, Norman RW. Reassessment of the role of intra -abdominal pressure in spinal compression[J]. Ergonomics, 1987, 30（11）： 65-88.

(17)Thomas W. Myers Anatomy Training[M]. Taipei ： Elsevier taiwanllc, 2009 ： 10-11.

(18)Christy Cael. Functional Anatomy ： Musculoskeletal Anatomy, Kinesiology, and Palpation for Manual Therapists[M].

California：Lippincott Williams & Wilkins, 2011.

(19)Christy J. Cael. Functional Anatomy Flash Cards：Bones, Joints and Muscles[M]. California：Li -ppincott Willia-ms & Wilkins, 2010.

(20)Aruin AS, Latash ML. Directional specificity of postural muscles in feed -forward postural reactions during fast voluntary arm movements[J]. Exp Brain Res, 1995, 103 (2)：323-32.

(21)Hodges PW, Richardson CA. Feedforward contraction of transversus abdominus is not influenced by the direction of the armmovement[J]. Exp Brain Res, 1997, 114：62-70.

(22)Cordo PJ, Nashner LM. Properties of postural adjustments associated with rapid arm movements[J]. J Neurophysiol, 1982, 47：287-302.

(23)Hodges PW, Butler JE, McKenzie DK, et al. Contraction of the human diaphragm during rapid postural adjustments[J]. J Physiol, 1997, 505(2)：39-48.

(24)Hodges PW. Core stability exercise in chronic low back pain[J]. Orthop Clin N Am, 2003, 34：45-54.

(25)Schneiders A G, Davidsson A, Horman E, etal.（2011）Functional movement screen TM normative values in a young, activepopulation[J]. International journal of sports physical therapy2011, 6 (2)：76

(26)Jensen BR, Laursen B, Sjogaard G. Aspects of shoulder function in relation to exposure demands and fatigue[J]. Clin Biomech（Bristol, Avon）, 2000, 15：17-20.

(27)Cholewicki J, Juluru K, McGill SM, et al. Intraabdominal pressure mechanism for stabilizing the lumbar spine[J]. J Biomech, 1999, 32 (1)：3-7.

(28)McGill SM. Low back stability：from formal description to issues for performance and rehabilitation[J]. Exerc Sports Sci Rev, 2001, 29：26-31.

(29)Daggfeldt K, Thorstensson A. The role of intra-abdominal pressure in spinal unloading[J]. J Biomech, 1997, 30（11）：49-55.

(30)Gray Cook.Movement：Functional Movement Systems：Screening, Assessment, Corrective Strategies[M]. Chichester：Lotus Publishing, 2011：128-132.

(31)Ebenbichler GR, Oddsson LI, Kollmiter J, et al. Sensory motor control of the lower back：implications for rehabilitation[J]. Med Sci Sports Exerc, 2001, 33：1889-1898.

(32)Gray Cook. Movement：Functional Movement Systems：Screening, Assessment, Corrective Strategies[M]. Chichester：Lotus Publishing, 2011：169 -187.

(33) 李筍南，齊光濤．體能訓練原理與實踐．[M]. 北京：北京體育大學出版社，2012.

(34) 王智慧．運動訓練學研究進展 —— 理論熱點與綜合向度 [J]. 體育與科學，2013，34 (5)：4-8.

(35) 王雄，劉愛杰．身體功能訓練團隊的實踐探索及發展反思 [J]. 體育科學，2014，34 (2)：79-86.

(36) 李筍男，齊光濤，宋陸陸，等．功能訓練體系分類研究 [J]. 成都：成都體育學院學報，2015，41(2)：75-80.

(37) 劉愛杰．當前體能訓練的發展趨勢及展望 [R]. 北京：首

都青年學者論壇報告 . 2015 ： 12-5.

(38) 程狆 . 競技體育動作模式優化設計 [D]. 北京：北京體育大學，2012.

(39) 閆琪，任滿迎，趙煥彬 . 論競技體育中功能性體能訓練的特點及其應用 [J]. 山東體育科技，2012，34(3) ： 1-4.

(40) 張建華，孫璞，楊國慶 . 功能訓練的反思 [J]. 天津體育學院學報，2012，27 (5) ： 408-410.

(41)Mark Verstegen. 每天都是比賽日 [M]. 尹曉峰，孫莉莉，譯 . 上海：上海文化出版社 . 2015 ： 188-218.

(42) 袁守龍 . 北京奧運會週期訓練理論與實踐創新趨勢 [J]. 體育科研，2011，32 (4) ： 5-11.

(43) 尹軍 . 身體運動功能診斷與訓練 [M]. 北京：高等教育出版社，2015 ： 125-198.

(44) 龍斌，李丹陽 . 功能性訓練的科學內涵 [J]. 武漢體育學院學報，2013，47 (2) ： 72-76.

(45) 王智慧 . 運動訓練學研究進展 —— 理論熱點與綜合向度 [J]. 體育與科學，2013，34 (5) ： 4-8.

(46) 王雄，劉愛杰 . 身體功能訓練團隊的實踐探索及發展反思 [J]. 體育科學，2014，34 (2) ： 79-86.

(47) 姜宏斌 . 功能性訓練概念辨析與理論架構的研究述評 [J]. 體育學刊，2015-7（22）： 126-128

(48) 全國體育院校教材委員會審定 . 運動解剖學 [M]. 北京：人民體育出版社，2000 ： 100

(49)Philipp Richter，Eric Hebgen. 肌肉鏈與扳機點 —— 手法鎮痛的新理念及其應用 [M]. 趙學軍，傅志儉，宋文閣，譯 . 濟南：山東科學技術出版社，2011 ： 7.

後　記

本書詳細介紹了身體運動功能訓練的訓練理念和訓練體系，選取了國家射擊隊訓練實踐中使用效果較好的訓練方法和手段，但個性化訓練是體能訓練的一個基本原則，比如射擊運動員的肩撞擊綜合症，個別運動員除了要進行肩前肌群、胸大肌、胸小肌的鬆解、肩背部肌群對稱力量外，還需進行肱二頭肌力量練習，肱二頭肌練習雖然是個單關節練習手段，但是，在體能康復訓練中卻起到了功能恢復的效果。

因此，希望本書在理論和操作體系層面能給予讀者啟迪，而不僅僅是某一具體的方法或手段。只有熟練掌握了科學的功能動作篩查系統，找準每個運動員的弱連結，才能有的放矢，提高訓練實踐效果。

本書第一章由尹軍撰寫，第二章由齊光濤撰寫，第三章、第四章、第五章、第六章、第七章、第八章由王駿昇撰寫，全書由尹軍統一串編定稿。

由於作者水準有限，書中難免存在不足之處，歡迎廣大讀者批評指正。

歡迎至本公司購買書籍

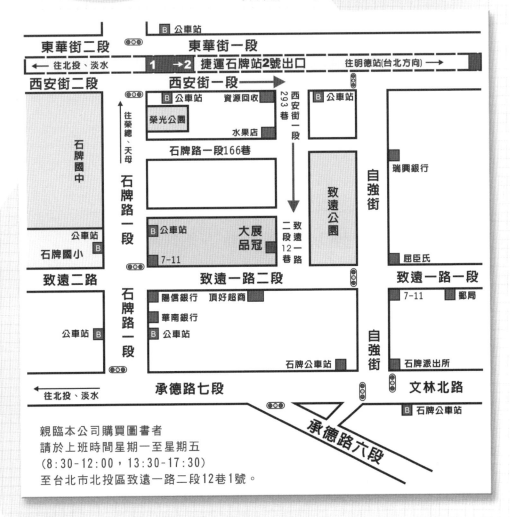

親臨本公司購買圖書者
請於上班時間星期一至星期五
(8：30-12：00，13：30-17：30)
至台北市北投區致遠一路二段12巷1號。

建議路線
　1.搭乘捷運
　　　淡水信義線石牌站下車，由月台上二號出口出站，二號出口出站後靠右邊，沿著捷運高架往台北
方向走(往明德站方向)，其街名為西安街，約80公尺後至西安街一段293巷進入(巷口有一公車站牌，
站名為自強街口，勿超過紅綠燈)，再步行約200公尺可達本公司，本公司面對致遠公園。

　2.自行開車或騎車
　　　由承德路接石牌路，看到陽信銀行右轉，此條即為致遠一路二段，在遇到自強街(紅綠燈)前的巷
子左轉，即可看到本公司招牌。

國家圖書館出版品預行編目資料

射擊運動員身體運動功能訓練／王駿昇　尹軍　齊光濤　著
——初版——臺北市，大展，2019[民108.05]
面；23公分——（體育教材；19）
ISBN 978-986-346-246-0　（平裝）
1. 槍械 2. 射擊 3. 運動訓練
595.92　　　　　　　　　　　　　　108003380

射擊運動員身體運動功能訓練

著　　者／王　駿　昇、尹　軍、齊　光　濤
責任編輯／王　英　峰
發 行 人／蔡　森　明
出 版 者／大展出版社有限公司
社　　址／台北市北投區（石牌）致遠一路2段12巷1號
電　　話／(02) 28236031‧28236033‧28233123
傳　　真／(02) 28272069
郵政劃撥／01669551
網　　址／www.dah-jaan.com.tw
E-mail／service@dah-jaan.com.tw
登 記 證／局版臺業字第2171號
承 印 者／傳興印刷有限公司
裝　　訂／眾友企業公司
排 版 者／千兵企業有限公司
授 權 者／北京人民體育出版社
初版1刷／2019年（民108）5月

定　價／300元

大展好書　好書大展
品嘗好書　冠群可期

大展好書　好書大展
品嘗好書　冠群可期